U0187459

Python 入门神器：
从编程思维和专家视角的
有趣高效入门法

李泽 著

机械工业出版社

本书专为 Python 快速入门学习而精心设计了知识结构和内容，通过深入浅出的讲解，轻松有趣快速入门 Python。

本书重点结合编程思维和专家视角，帮助读者从更高角度、更多维层次去分析、思考、学习和理解编程及程序设计背后的规律、逻辑和思维，从点到线，再到面，搭建起编程知识体系，从而学会 Python。

本书主要分为三个部分。第一部分，主要讲解 Python 的基础知识点。第二部分，结合编程思维将知识串联起来，在探究活动中练习和实践，巩固 Python 基础知识，提升编程思维能力。第三部分，以解决问题实战为主线，串联编程思维，从整体视角上思考问题，使用 Python 从 0 到 1，完整解决多个问题，从而掌握解决编程问题的基本思路，学会举一反三，增强理解和运用 Python 的能力。

图书在版编目（CIP）数据

Python 入门神器：从编程思维和专家视角的有趣高效入门法 / 李泽著 . —北京：机械工业出版社，2024.3
ISBN 978-7-111-75162-5

Ⅰ . ① P… Ⅱ . ①李… Ⅲ . ①软件工具 – 程序设计 Ⅳ . ① TP311.561

中国国家版本馆 CIP 数据核字（2024）第 039433 号

机械工业出版社（北京市百万庄大街 22 号 邮政编码 100037）
策划编辑：林 桢 责任编辑：林 桢
责任校对：肖 琳 张亚楠 封面设计：鞠 杨
责任印制：刘 媛
涿州市般润文化传播有限公司印刷
2024 年 6 月第 1 版第 1 次印刷
184mm×260mm · 8.5 印张 · 194 千字
标准书号：ISBN 978-7-111-75162-5
定价：69.00 元

电话服务 网络服务
客服电话：010-88361066 机 工 官 网：www.cmpbook.com
010-88379833 机 工 官 博：weibo.com/cmp1952
010-68326294 金 书 网：www.golden-book.com
封底无防伪标均为盗版 机工教育服务网：www.cmpedu.com

翻开本书

开启一段

与众不同、轻松有趣、理解透彻的

Python 入门、成长之旅

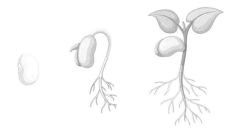

什么是编程

　　想象你正在使用自动洗衣机。你先在由设计人员提供的控制面板上进行操作，在洗衣机的计算机接收到指令之后有序控制注水、排水、滚筒滚动、蜂鸣器报警等行为。

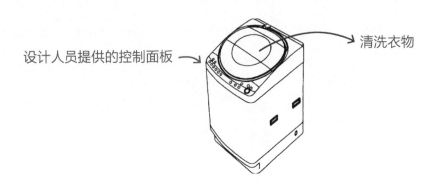

设计人员提供的控制面板　　　　　　　　　　　清洗衣物

　　当你使用电子表格时，通过设计人员提供的公式，操作电子表格完成统计工作。

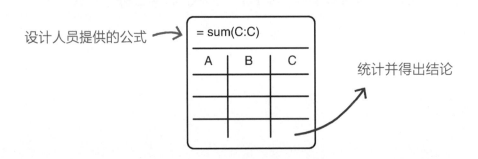

设计人员提供的公式　　　　　　　= sum(C:C)　　　　　统计并得出结论

　　操作洗衣机控制面板、使用电子表格的公式都是在编写一段程序，即编程。它是指人们使用设计人员专门提供的指令——编程语言，来命令计算机完成有意义的任务。

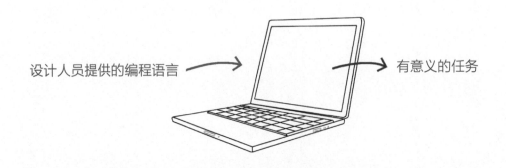

设计人员提供的编程语言　　　　　　　　　　　有意义的任务

什么是 Python

编程语言的种类繁多，Python 是其中一种。作为十分流行的编程语言之一，它有许多优点。

第一，简单、易学、易读，缩短学习时间。虽然 Python 也有一些缺点，但瑕不掩瑜，它是公认的初学者编程入门的最佳选择之一。

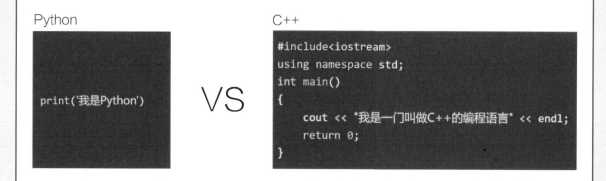

第二，库丰富，避免重复"造轮子"；生态健全，开发速度快。这就好比一个五金工具箱中有各种型号的螺丝刀。Python 之父吉多·范罗苏姆曾经说过：人生苦短，我用 Python。

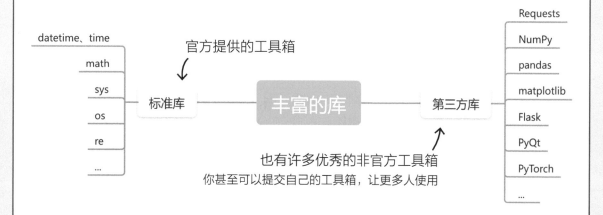

此外，Python 还有移植性强、扩展性强、开源、面向对象、动态脚本等特点。随着深入学习和实践，你自然会理解它们的意义和价值，本书不再详述。

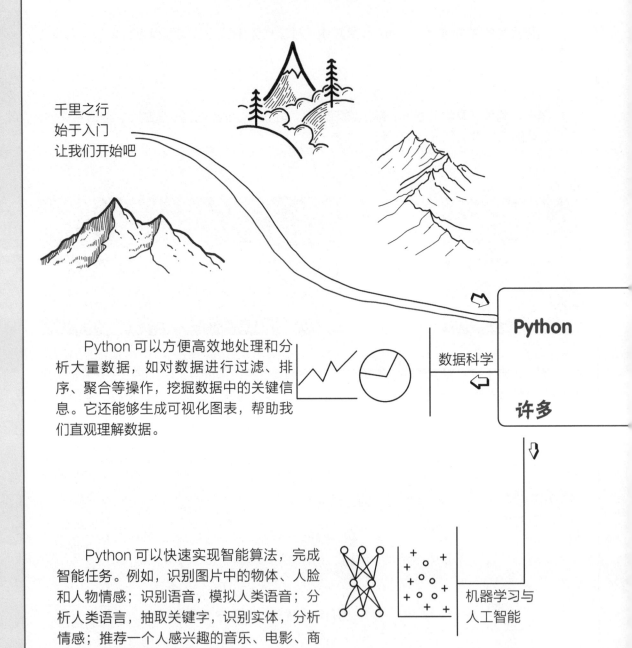

Python 能做什么

千里之行
始于入门
让我们开始吧

Python

数据科学

许多

Python 可以方便高效地处理和分析大量数据，如对数据进行过滤、排序、聚合等操作，挖掘数据中的关键信息。它还能够生成可视化图表，帮助我们直观理解数据。

机器学习与
人工智能

Python 可以快速实现智能算法，完成智能任务。例如，识别图片中的物体、人脸和人物情感；识别语音，模拟人类语音；分析人类语言，抽取关键字，识别实体，分析情感；推荐一个人感兴趣的音乐、电影、商品；预测数据辅助决策。

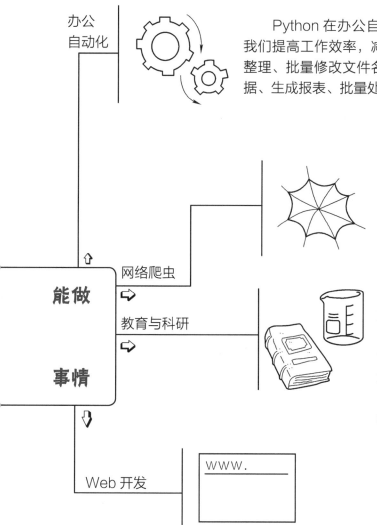

能做

事情

办公
自动化

Python 在办公自动化方面非常实用，可以帮助我们提高工作效率，减少重复劳动。它可以实现文件整理、批量修改文件名、自动发送邮件、定时备份数据、生成报表、批量处理电子表格等任务。

网络爬虫

Python 可以为我们在网上查找和获取各种信息，自动批量地从网站中提取内容、发送/接收网络请求、模拟用户操作。例如，抓取新闻，分析影评，监控商品价格，收集招聘信息，下载图片、视频等。

教育与科研

Python 在教育、数学、物理、生物、化学、社会科学等领域中被广泛应用。例如，计算思维教育、代数运算、符号计算、材料计算学、生物信息学、处理和分析空间数据、建模与仿真、化学建模、社交网络分析。

Web 开发

www.

Python 提供了许多简单易用的工具，非常适合快速搭建网站，处理网页访问，连接数据库。使用 Python 编写的网站不仅容易维护，而且可以方便地增加新功能。

写在前面：为什么初学者要读本书

为什么我要设计本书

我从高一开始自学编程，但第一本入门图书带给我的学习体验并不好。直到现在，很多编程入门图书并没有本质改变。

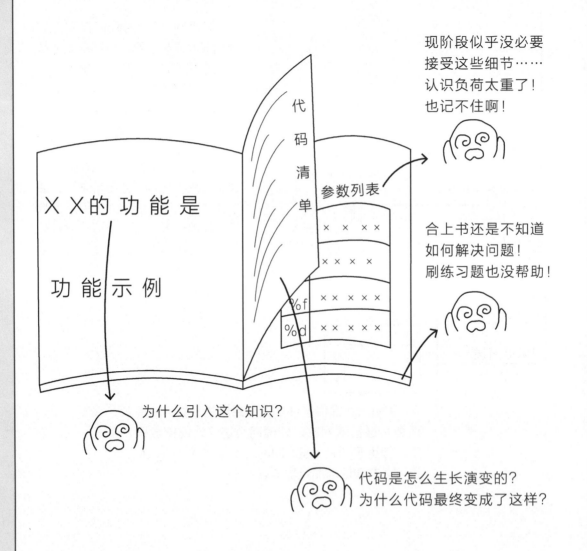

现阶段似乎没必要接受这些细节……
认识负荷太重了！
也记不住啊！

合上书还是不知道如何解决问题！
刷练习题也没帮助！

代码是怎么生长演变的？
为什么代码最终变成了这样？

为什么引入这个知识？

自此，我的心中便埋下了一个问题：到底怎样才能做好编程入门？在之后的 15 年，我持续学习并实践编程知识和教育知识，终于找到了答案，于是决定设计这本书。

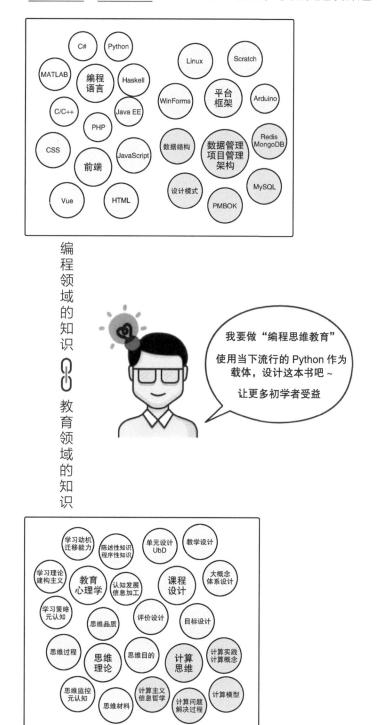

人是如何学习的

在说明本书的设计思想之前，你需要先了解一下"学习"。人类时刻都在学习，我们看看一个人在玩游戏时的学习过程。

阶段 1：感兴趣，愿意尝试

这个游戏好像挺有意思的，试一下吧

阶段 2：熟悉基本概念和规则

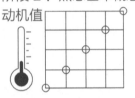

五颗子连在一起就赢了；黑棋先下；……

阶段 3：发现技巧和策略

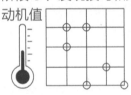

三颗子挤在一起后容易胜利；……

阶段 4：发现规律和原理

黑棋优势大，主攻，创造连接的机会；
白棋主守和抓禁手，创造反击的机会；……

阶段 5：将上述内容组织为理论和方法，并且无意识地、直觉地运用

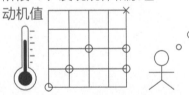

常见开局定式；各种棋理；棋局阶段；……

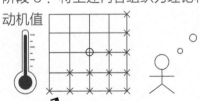

学习对象越复杂，各阶段时长越久

你可以换成其他学习场景，都是相同的过程，例如入乡随俗、校园学习

你和编程专家有什么不同

初学者刚迈入阶段 1，而专家在阶段 5。所以在解决同一个问题时，你和编程专家的思维方式完全不同。

区别 1　知识
专家掌握大量的知识
而初学者掌握的知识很少

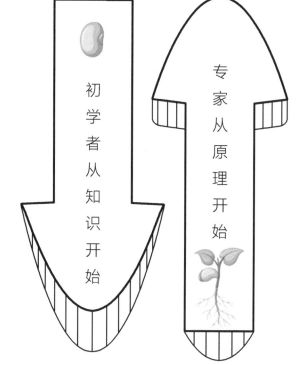

初学者从知识开始

专家从原理开始

区别 2　技能
专家在特定技能中运用知识，
并形成策略和技巧
而初学者对特定技能不自知

区别 3　问题解决能力
专家综合运用知识和技能去解决问题，
并发现规律和原理
初学者还不能串联这些技能和知识

如果能让初学者一开始就体验专家解决问题的过程，那么就可以尽快建立专业的视角，从而为之后的学习打下良好的基础

我如何设计你的入门旅程

在入门阶段接触区别 1（知识）、区别 2（技能）、区别 3（问题解决能力）能够帮助你尽快建立专家视角，为未来学习做好准备。

第一部分　编程基础知识

计算机世界的知识非常丰富，你将在第一部分通过 4 个项目学习 Python 基础知识。

丰富零散的知识
大多数入门图书只讲知识

第二部分　学习编程思维

技能体现在专家的思维中，你将在第二部分学习 9 个适用于任何编程语言的思维方法。

串联知识的编程思维（技能）

第三部分　用编程思维解决问题

你将在第三部分的 2 个问题中综合运用之前学习的知识和技能，体验专家解决问题的过程。

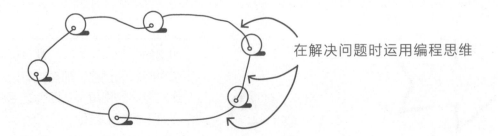

在解决问题时运用编程思维

基于学习理论，我为每个部分设计了不同的学习活动，以帮助你有效、高效地学习。你会在每个部分感受到完全不同的学习体验。

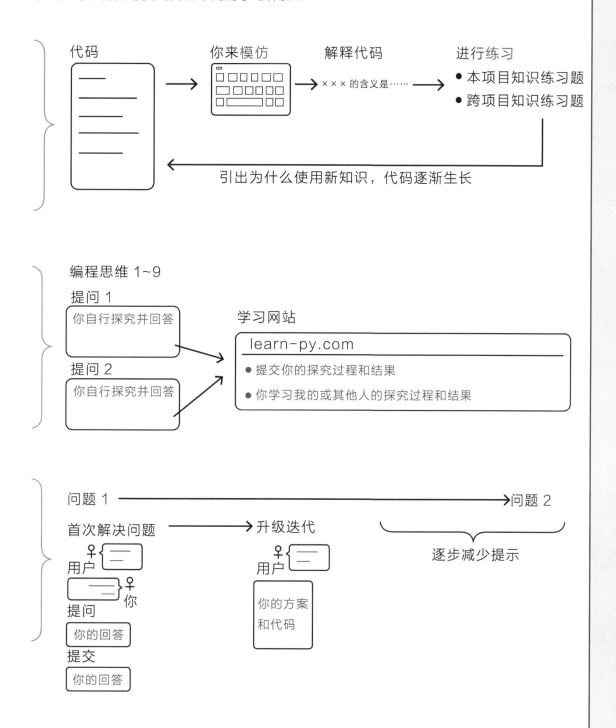

本书适合你吗

如果下面的问题你都选择 ✅，那么本书会非常适合你！

- [ ] 我的年龄 ≥ 12 岁

- [ ] 我想要符合大脑认知的学习材料，带我快速且轻松地入门

- [ ] 我想要在入门阶段体验专家解决问题的思维方式

- [ ] 我相信入门阶段的重点不是广博的知识或特定的技术细节

- [ ] 我想要在学习过程中亲自动手实践

- [ ] 我想要有配套的学习系统，供我及时练习和巩固知识

- [ ] 我接受在探索过程中出错，且能从错误中学到很多

- [ ] 我相信每揭示一次答案，我就缺少了一次发现答案的机会

- [ ] 我想要看到其他人的探索结果，并相信这能给我启发

- [ ] 我愿意发布我的探索结果，供其他学习者参考

如何使用本书

阅读方法
- 如果你是 Python 初学者，未曾学习或简单学习过 Python 基础知识，从头开始看。
- 如果你的 Python 基础知识非常熟练，快速过完第一部分，然后从第二部分开始看。
- 如果你是 Python 高手，可以合上本书，它可能不适合你。

学习时长
- 第一部分，一周内学习完毕。
- 第二部分，两周内学习完毕。
- 第三部分，一周内学习完毕。
- **因为本书的定位是快速入门，所以学习时间不宜过长。**

配套学习网站
本书的配套学习网站是 learn-py.com。
在你的学习过程中，本书会及时提醒你与学习网站互动。

见到该符号，则进入学习网站

注意：学习网站是本书的必要组成部分，不可以忽略哦！

做好准备工作

工欲善其事，必先利其器，首先进入 Python 官网（python.org）下载 Python 安装文件。

如果你的系统是 macOS
不用担心，这里会自动切换

单击这里下载最新版本
注意：你的版本可能和截图不同
如果网页打开或下载速度慢
可以进入学习网站下载

如果你的操作系统是 Windows 7
单击这里寻找版本 3.8.10
或在学习网站下载

② 单击这里安装
安装完毕后单击 Close 按钮

① 记得勾选这里，重要！
*macOS 没有该选项

打开刚才安装的 IDLE。它是 Python 自带的集成开发环境，方便快速编写、运行、调试代码。虽然还有功能更强大的集成开发环境（如 PyCharm），不过对于入门阶段 IDLE 就足够了。

Windows　打开开始菜单，直接搜索 IDLE，或在应用程序中搜索

macOS　　⌘+ 空格，搜索 IDLE

如果觉得字号太小
可以在 Configure IDLE 中调整

创建新的代码文件

打开已有的代码文件

输入下图所示的代码，看看能否正常运行

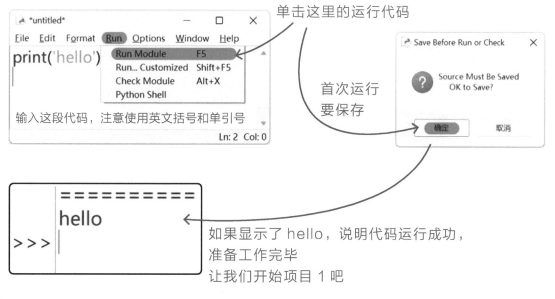

单击这里的运行代码

首次运行
要保存

如果显示了 hello，说明代码运行成功，
准备工作完毕
让我们开始项目 1 吧

目 录

什么是编程
什么是 Python
Python 能做什么
写在前面：为什么初学者要读本书
做好准备工作

第一部分 编程基础知识

第二部分 学习编程思维

第三部分 用编程思维解决问题

第一部分

编程基础知识

项目1：知识问答

计算机世界的知识非常丰富，你将在本书第一部分中通过 4 个项目来学习 Python 基础知识。

项目 1：知识问答

项目 2：购物车清单

涉及知识： 输入输出、变量、赋值、分支结构、数据类型

项目 3：检索气象站

项目 4：食谱生成器

先试试效果

在学习网站中下载项目 1 文件，使用 IDLE 打开并运行，试试程序的效果。

有输入

请输入你的名字：李四

有输出

欢迎 李四 现在开始知识问答。

问题 1：地球上最大的洋是什么洋？北冰洋

程序知道回答得对或错

回答错误！

问题 2：10-5×2=？（填写数字）10

回答错误！

问题 3：1 英里等于多少千米？ 1.6

回答正确！

程序记录了回答正确的次数

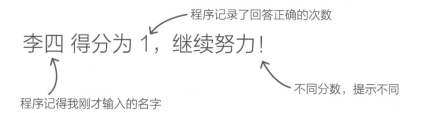

李四 得分为 1，继续努力！

程序记得我刚才输入的名字

不同分数，提示不同

先打招呼吧

让我们一步一步地完成这个程序吧！在 IDLE 中新建一个文件，输入如下代码。

```
input()
```

为了获取外部输入的数据，我们要使用 input 函数。什么是函数？目前你只需要将其理解为实现特定功能的工具。函数之后是一对括号，表示我们要使用或调用这个特定的功能的函数。运行代码，你会发现没有出现任何提示信息。看来需要告诉 input 函数：正在等待输入什么信息。让我们修改一下代码。

注意是英文单引号

```
input('请输入你的名字：')
```

我们在括号中间输入了一个参数，该参数可以设置 input 函数的提示信息。参数就好比软件的配置选项：配置不同，软件的功能也会有所改变。虽然现在提示要输入姓名了，但是输入后的内容到哪里去了呢？这时，我们需要使用变量。

```
name = input('请输入你的名字：')
```

这句代码的意思是：把 input 输入的内容赋值给变量名为 name 的变量。变量就像是一个标签，标签名就是变量名，标签连接在变量值上，建立链接的过程叫作赋值。

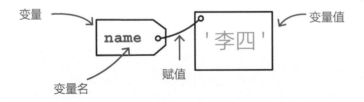

变量名可以随意修改，其命名主要是为了便于理解代码的含义，我们晚点学习这一点。现在，名为 name 的变量关联着输入的姓名，所以我们可以把它显示出来，向使用程序的人打招呼。在 input 之后继续添加代码。

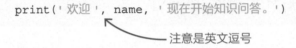

注意是英文逗号

print 也是一个函数，它的功能是输出参数中的内容。print 函数可以设置多个参数，中间用英文逗号分隔开。我们已经成功实现了打招呼功能，接下来设计第一道问答题吧！

设计第一道问答题，并进行正误判断

学习了变量和 input 后，设计第一道问答题就很简单了：在 print 之后继续建立一个新的变量，准备接收 input 的输入。

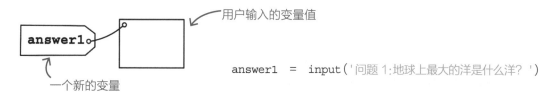

用户输入的变量值

一个新的变量

```python
answer1 = input('问题1:地球上最大的洋是什么洋？ ')
```

当用户输入变量值后，它会被赋值给变量 answer1。接下来如何判断用户的输入是正确答案（太平洋）呢？我们使用编程中的分支结构。继续编写如下代码，请注意其中的细节。

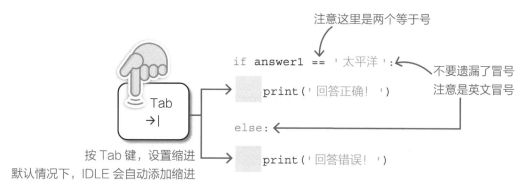

注意这里是两个等于号

```python
if answer1 == '太平洋':
    print('回答正确！')
else:
    print('回答错误！')
```

不要遗漏了冒号
注意是英文冒号

按 Tab 键，设置缩进
默认情况下，IDLE 会自动添加缩进

这段代码的含义清晰明了：如果输入的是太平洋，那么输出回答正确，否则，输出回答错误。按 Tab 键是设置缩进，它给 if 和 else 创造了一个块状"区域"，这样 Python 就知道哪些命令在 if 中，哪些命令在 else 中。运行一下程序，看看能否如期运行起来吧！

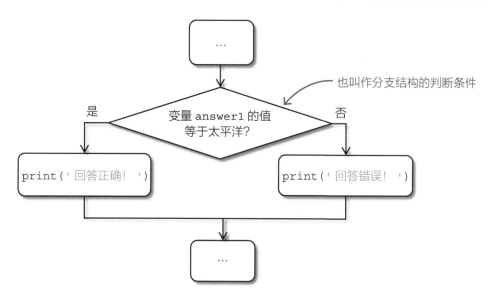

也叫作分支结构的判断条件

设计第二道问答题，并进行类型转换

有了第一道题的经验，第二道题的设计就不在话下了。把刚才编写的代码复制粘贴下来，简单修改一下即可。

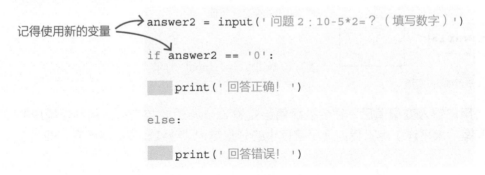

记得使用新的变量

```
answer2 = input('问题 2：10-5*2=？（填写数字）')

if answer2 == '0':

    print('回答正确！')

else:

    print('回答错误！')
```

运行程序测试一下：如果你输入了 00、（空格）0、0（空格）会发生什么？"神奇"的事情出现了，分支结构认为你回答错误，这是怎么回事？这与数据类型有关。请你新建一个临时文件做实验。

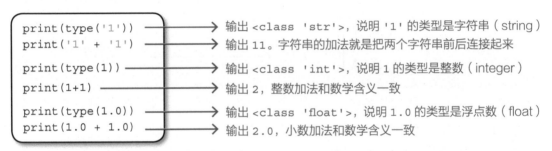

```
print(type('1'))      →  输出 <class 'str'>，说明 '1' 的类型是字符串（string）
print('1' + '1')      →  输出 11。字符串的加法就是把两个字符串前后连接起来
print(type(1))        →  输出 <class 'int'>，说明 1 的类型是整数（integer）
print(1+1)            →  输出 2，整数加法和数学含义一致
print(type(1.0))      →  输出 <class 'float'>，说明 1.0 的类型是浮点数（float）
print(1.0 + 1.0)      →  输出 2.0，小数加法和数学含义一致
```

type 函数的功能是查看数据的类型。为什么数据要有类型？因为不同的数据类型可以完成不同的任务。例如，1+1 的任务是数字相加，而 '1'+'1' 的任务是两个字符串连接在一起，而 1+'1' 就会报错。为什么整数和小数要进行区分？虽然也有少数编程语言将两者合二为一，但 Python 的设计哲学认为：**显式优于隐式，即代码应该表达清晰明确，不应该隐含多义或者含糊不清**。区分整数和小数增强了代码的可读性，也避免了不必要的类型转换和运算错误。

input 函数得到的数据是字符串类型，所以你输入的 '0'、'00'、' 0'、'0 ' 都是不同的字符串数据，'0' 也就不等于 '00' 了。为了和数字 0 进行比较，我们需要将 input 的字符串转换为整数。int 函数可以把其参数转换为整数类型，例如 int('-2') 的结果为 -2，int(3.9) 的结果为 3，但是 int('3.9') 或 int('3a') 都会报错，因为无法转换为整数。

```
if int(answer2) == 0:
```

字符串 '0' 改写为整数 0

整数类型和整数类型进行比较，逻辑上才更严谨

从字符串 answer2 转换为整数 int(answer2)

第三道问答题的思路与前面近似，使用 input 提问并用变量保存答案。需要注意，input 将得到字符串类型数据，而答案是小数，所以要使用 float 将字符串转换为浮点数。

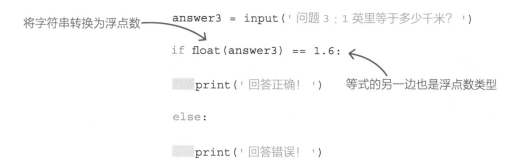

将字符串转换为浮点数

```
answer3 = input('问题 3：1 英里等于多少千米？')

if float(answer3) == 1.6:

    print('回答正确！')          等式的另一边也是浮点数类型

else:

    print('回答错误！')
```

接下来，我们要根据三道问答题的对错情况显示总分，但是 print 的参数是什么呢？既然变量可以帮我们记录姓名和答题情况，那么它也可以帮助我们记录分数。

```
name = input('请输入你的名字：')

print('欢迎 ', name, '现在开始知识问答。')

score = 0 ←—— 建立一个变量，赋值为整数 0，表示当前分数为 0       score  0

answer1 = input('问题 1：地球上最大的洋是什么洋？')

if answer1 == '太平洋':      不要慌！
    score = score + 1       这行代码的意思就是让 score 自增 1
                            而不是数学中的等于判断
    print('回答正确！')      等于判断是 ==，赋值是 =
                            先把当前的 score(0)+1 得到整数 1
else:                       然后删除之前的标签链接
    print('回答错误！')      再建立一个新的标签链接      score  0
                                                              1

print(name, '得分为 ', score) ←—— 这样就可以输出分数了
```

你知道另外两个 score = score + 1 添加在哪里吗？记得添加 Tab 来建立一个块状区域，这样 Python 才知道当分支结构符合条件时，先让 score 自增 1，再执行 print('回答正确！')。

最后，你将实现不同总分显示不同提示语的功能。

分数不同，提示不同

如果可以根据不同的总分显示不同的提示语，那么程序会更加友好和"智能"。

```
if score == 0: # 不同分数，提示不同 ←————— # 及其之后的内容是注释
                                          Python 在执行代码时会忽略注释
    print(name, '得分为 0，需要加油！')       它的作用是解释说明代码的功能

if score == 1:

    print(name, '得分为 1，继续努力！')

if score == 2:

    print(name, '得分为 2，做得不错！')

if score == 3:

    print(name, '得分为 3，非常棒！')
```

正如你所见，分支结构 if 也可以没有 else。在之后的学习中，你还会面对更加复杂的分支结构逻辑。

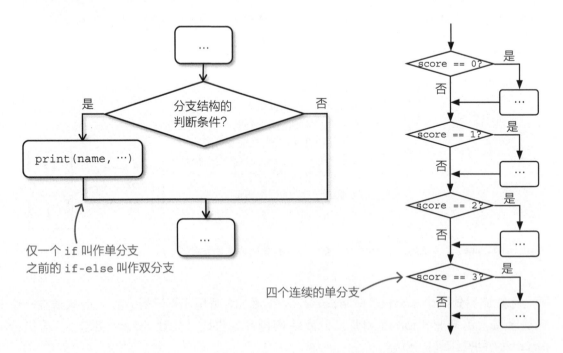

仅一个 if 叫作单分支
之前的 if-else 叫作双分支

四个连续的单分支

项目 1 到这里就结束了，你可以结合自己的经验设计更多知识问答题考考其他小伙伴。记得完成本项目的练习题，这对你的学习非常重要！因为其中会涉及一点点新知识。

基础知识训练营1（参考答案见学习网站）

1. 你在项目 1 创建了名为 name、answer1、score 等变量。变量名的命名规则包括：
① 大小写敏感（例如 a 和 A 是不同的变量名）；
② 开头必须是字母或下划线（例如 _a、a），剩余部分是字母、下划线、数字（a1、a_1）；
③ 不能包含特殊符号（!@#$%^&*()-+={}[]|\:;'"<>,.?/~`）和空格（例如 A@ 是非法变量名）；
④ 不能是 Python 关键字（例如 if）。
以下哪些是合法的变量名？为什么？
my_name my-car @color firstName 123abc abc123 else other Student-Name age! 1_a

2. 变量名应当有意义，便于人类理解。你认为以下哪些变量名有意义，哪些没有意义？为什么？
temp_123 population total_price qwertyuiop scoreMath brand model abcdefgh user_count

3. 代码 value = int(input('...')) 是什么意思？实际上除了 int() 和 float()，还有一个常用的类型转换函数 str()，它可以把参数中的内容转换为字符串类型。现在已知代码 print(1+'1') 会报错，如何修改才能让它正确运行？

4. Python 支持许多算术操作，你已经接触了加法（加减乘除分别是：+-*/）。请你自行尝试探索如下算术运算符的含义：10*3、10**3、10%3、10//3、10/3、-10。提示：在搜索引擎查找关键词 "Python 算术运算符"。此外，括号可以改变算术运算优先级，例如：(1+2)*3 == 9、10*(6-(3+1)) == 20。

5. 输入出生年份，输出生肖。例如，输入：1990，输出：马。
提示：（年份 - 4）% 12 的结果和生肖顺序有关。

6. 假设 input 输入的是整数或小数，你有什么办法判断该字符串是整数还是小数？（我们的程序很"智能"，输入 1.0 也会被判定为整数）。输入：1，输出：整数；输入：1.0，输出：整数；输入：2.2，输出：小数。
提示 1：2 == 2.0 的结果是成立的。通常来说 == 两边的类型需要一致，但是整数和浮点数比较是一个例外，Python 会自动把整数转换为浮点数后再进行比较。
提示 2：int('1.8') 会报错，int(1.8) 会抛弃小数位。

项目 2：购物车清单

计算机世界的知识非常丰富，你将在本书第一部分中通过 4 个项目来学习 Python 基础知识。

项目 1：知识问答

项目 2：购物车清单

> **涉及知识：** 列表、while 循环、for 循环、多分支结构

项目 3：检索气象站

项目 4：食谱生成器

先试试效果

在学习网站中下载项目 2 文件，使用 IDLE 打开并运行，试试程序的效果。

1. 添加商品
2. 展示购物车
3. 移除商品
4. 结算
q. 退出
请选择操作：1
添加商品名称：苹果
已添加 苹果

1. 添加商品
2. 展示购物车
3. 移除商品
4. 结算
q. 退出
请选择操作：1
添加商品名称：橘子
已添加 橘子

1. 添加商品
2. 展示购物车
3. 移除商品
4. 结算
q. 退出
请选择操作：1
添加商品名称：香蕉
已添加 香蕉

1. 添加商品
2. 展示购物车
3. 移除商品
4. 结算
q. 退出
请选择操作：2
购物车中的商品：
苹果
橘子
香蕉

1. 添加商品
2. 展示购物车
3. 移除商品
4. 结算
q. 退出
请选择操作：3
移除商品名称：苹果
已移除 苹果

1. 添加商品
2. 展示购物车
3. 移除商品
4. 结算
q. 退出
请选择操作：4
香蕉缺货无法结算
总共 8.00 元

1. 添加商品
2. 展示购物车
3. 移除商品
4. 结算
q. 退出
请选择操作：2
购物车中的商品：
香蕉

苹果
5 元 / 斤

橘子
8 元 / 斤

香蕉
6 元 / 斤
缺货

创建一辆购物车

你在项目 1 中学习了字符串、整数、浮点数三种数据类型，它们都只对应单独的数据。购物车有所不同，它包含一堆商品名称，而且每个商品名称都是一个字符串。虽然你也可以建立多个字符串保存商品名称，但购物车中的商品数量不确定，从而无法提前知道需要创建多少个变量。因此我们需要学习一种新的数据类型：列表（list）。在 IDLE 中新建代码文件，输入如下代码。

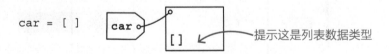

提示这是列表数据类型

方括号就像是一个箱子，暗示里面可以存储许多（不同数据类型的）数据。箱子默认是空的，我们修改上面的代码，往列表 car 中添加三个字符串数据，表示其中添加了三个商品。

它们都是列表的元素

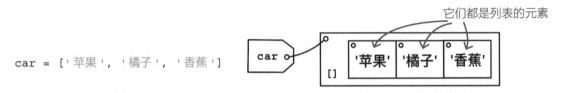

现在购物车 car 中存在 3 个字符串变量，它们就好比你依次放入购物车中的商品。除了在代码上直接添加商品，你还可以使用更加灵活的方式。继续添加如下代码。

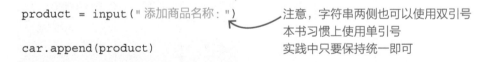

注意，字符串两侧也可以使用双引号
本书习惯上使用单引号
实践中只要保持统一即可

这段代码的功能是获取外部输入的商品，然后将其添加到 car 列表的末尾，并给予提示。其中 car.append(product) 值得注意。点（.）是什么意思？在编程理论中有一个核心概念——对象，它是指拥有特定属性和方法的东西。对象可以是具体的东西，如汽车和手机，也可以是抽象的东西，如时间。

对象举例	特定属性	特定方法
汽车	品牌、型号、颜色……	行驶、加速、制动……
手机	存储空间、分辨率、尺寸……	拍照、播放视频……
时间	年、月、日、时、分、秒……	比较时间大小、计算时差……

对象 car 也有很多属性和方法，使用它们前需要加点号。对象的方法和函数一样也要在末尾添加括号来接收参数，car.append() 方法的功能就是将参数添加到列表对象的末尾。之后你还会见到更多不同对象的属性和方法。

当前程序只能录入 1 次商品名称，你将在本项目最后学习如何控制程序运行流程，以实现多次录入。

展示购物车里的商品

既然已经将商品加入购物车，我们就可以罗列其中的商品。当没有商品时，提示暂无商品。继续添加如下代码。

```python
if len(car) == 0:
    print('购物车中没有商品')
else:
    print('购物车中的商品：')
    print(car)
```

len 是 length 的简称，其功能是获取数据的长度（它还可以获取字符串的长度，你可以自行测试 len('苹果') 的结果）。当购物车为空时，列表的长度为 0，提示暂无商品。print(car) 的输出形式为 [' 苹果 ', ' 橘子 ', ' 香蕉 ', ' 苹果 ']，感觉格式不太友好。可以把 print(car) 更改为如下代码。

i 只是一个变量名，你也可以更换例如 product

注意这行有 2 个缩进说明 print 属于 for 内部

```python
else:
    print('购物车中的商品：')
    for i in car:
        print(i)
```

添加商品名称：苹果
已添加 苹果
苹果
橘子
香蕉
苹果

for i in car 的意思是将 car 中的每个元素分别取出来依次放到变量 i 中：将 car 中的第 1 项取出来赋值给变量 i，再用 i 做某事；接着将第 2 项赋值给 i 继续做某事；重复上述步骤直到 car 的最后一项。for 也叫作循环结构。

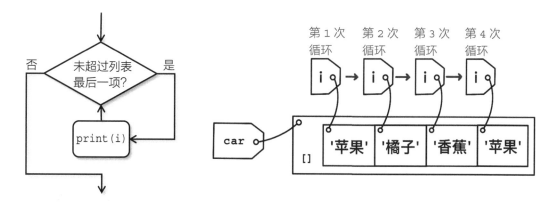

每一次循环时，你都可以在 for 的缩进中使用 i 做一些事情。在这个列表 car 的循环中，变量 i 每次都是一个字符串数据类型的"标签"。最重要的是，变量 i 每一次都会自动变化，所以你可以使用统一的模式处理列表中的不同的元素。

移除购物车里的商品

购物车可以添加商品，也可以移除商品。最简单的移除方法是使用 del。

```
del car[0]

print(car)  # 输出 ['橘子', '香蕉', '...']，第一个元素从列表中移除了
```

列表有一个重要的特性叫作顺序性，其中的元素是依次排列的。为了单独获取列表中的某一个元素，我们要使用列表的索引序号来获取它。car[0] 表示第 1 项，car[1] 表示第 2 项，以此类推。Python 支持负数索引，car[-1] 表示最后 1 项，car[-2] 表示倒数第 2 项，以此类推。其实你完全可以把 [] 视为列表对象的一种方法，只不过其参数是写在了方括号内。为什么 0 代表第 1 项？你可以在学习网站上查看原因。实际上，有个别编程语言的索引确实是从 1 开始算的，两者方法各有千秋，大部分编程语言都采用 0 作为索引起点。

del 可以移除 / 删除对象或变量。del car[0] 就是告诉 Python：从列表 car 中移除第一个元素所代表的对象（字符串、整数、浮点数等都是对象，Python 一切皆对象）。

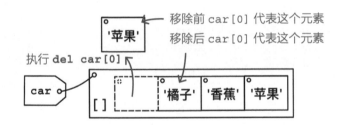

del 移除方法必须提前知道索引位置，有没有办法按照商品名称移除呢？既然列表是对象，对象有方法，那我们的思路便是去寻找列表的移除方法。Python 为列表对象提供了 remove 方法，其参数是待查找的对象。将刚才的 del 移除方法更换为如下代码。

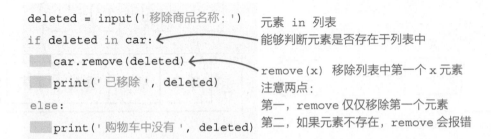

考虑到 remove 的元素不存在时会报错，所以我们使用了分支结构判断元素是否存在于列表中，之后再进行 remove 操作。

购物车结算

购物车已经支持存放、展示、移除商品的基本功能，再加上结算功能就形成闭环了。结算规则是这样的：

1）购物车中的每个元素的单位都是斤，苹果 5 元 / 斤，橘子 8 元 / 斤，香蕉 6 元 / 斤；

2）香蕉缺货，提示它无法结算；

3）当总价格超过 10 元时打 9 折。

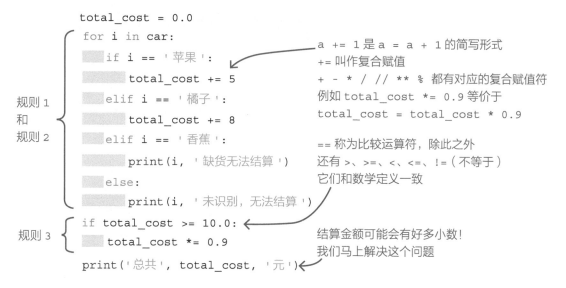

```
total_cost = 0.0
for i in car:
    if i == '苹果':
        total_cost += 5
    elif i == '橘子':
        total_cost += 8
    elif i == '香蕉':
        print(i, '缺货无法结算')
    else:
        print(i, '未识别，无法结算')
if total_cost >= 10.0:
    total_cost *= 0.9
print('总共', total_cost, '元')
```

规则 1 和 规则 2

规则 3

a += 1 是 a = a + 1 的简写形式
+= 叫作复合赋值
+ - * / // ** % 都有对应的复合赋值符
例如 total_cost *= 0.9 等价于
total_cost = total_cost * 0.9

== 称为比较运算符，除此之外
还有 >、>=、<、<=、!=（不等于）
它们和数学定义一致

结算金额可能会有好多小数！
我们马上解决这个问题

代码整体分为两部分。要特别注意缩进数量：第一部分的 for 和第二部分的 if 会依次执行，因为只有把所有单价都记入总价 total_cost 后，才能开始算总价的折扣。代码中有一个我们没有见过的语法规则 elif，它是 else if 的意思，表示"否则的话，如果某某条件成立，那么做某事"。elif 必须出现在 if 或 elif 之后，不能独立出现。它可以出现多次，用于判断更多可能成立的条件。

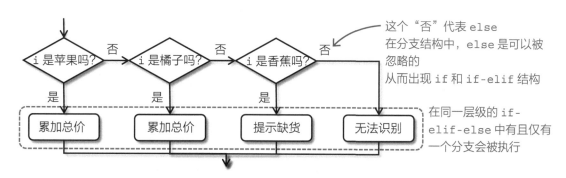

这个"否"代表 else
在分支结构中，else 是可以被忽略的
从而出现 if 和 if-elif 结构

在同一层级的 if-elif-else 中有且仅有一个分支会被执行

这和项目 1 中连续多个 if 有什么区别呢？if-else、if-elif、if-elif-else 各自都属于一个整体，它们确保仅一个分支被执行；而连续多个 if 都是各自独立的分支，每个 if 中的条件都会被判断，所以无法保证只有一个分支被执行：即有可能都执行，有可能都不执行。实践中要根据具体需要判断使用哪一种。

移除已结算的商品，并优化总价呈现

　　购物车计算后出现了两个问题。第一，已结算的商品还在购物车中，并未从 car 中移除；第二，商品价格显示可能会非常奇怪，会带有很长的小数位。我们来依次解决问题。

　　第一个问题似乎只要在 if-elif 内添加 car.remove(i)，但实际上这存在逻辑错误：一边遍历一边移除元素会导致 for 循环内部建立的列表索引发生混乱。就像刚才提到的那样，在 del a[0] 之后，print(a[0]) 就不再是刚才被移除的元素了。为了解决这个问题，我们可以创建一个新列表 settled，临时记录被结算的商品，之后遍历该列表来移除 car 中已经结算的商品。相信你可以解决这个问题，每个框都要填写右侧一行代码，试一下吧！（答案在下一页底部。）

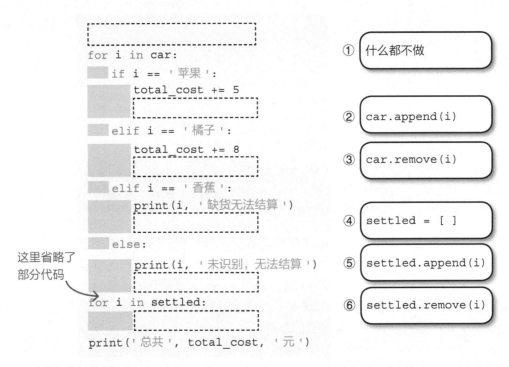

　　第二个问题，为什么有时候显示出来的总价格在小数点后还有好多个 0 ？这是因为浮点数保存的并非真实的小数，而是它的近似值。这涉及浮点数的编码格式，本书不展开讨论，目前我们更关心如何让价格仅显示小数点后两位数。更新 print 总价的代码。

　　Python 字符串前面添加 f 或 F 称为 f 字符串，其功能是将字符串内的花括号文本当作变量直接嵌入字符串。这样既方便控制花括号内的数据格式，又能让文本顺序不被无关符号打断。左侧写法与之前的 print 在效果上一致，右侧写法要求浮点数 total_cost 在转换到字符串时格式化为小数点后仅包含两位数的格式。"："表示要求进行格式化，".2f"的含义是只要小数点后两位数。

动态添加商品

当前购物车只能添加一个商品，而且展示、移除、结算都是顺序执行的。实际上操作购物车是往返执行的，要控制程序的运行流程。分支结构 if-elif-else 和循环结构 for 能够控制运行流程，下面介绍另一种循环结构 while。和 for 循环主要用于遍历元素不同，while 循环主要根据特定条件重复执行代码。下面我们临时新建代码文件，通过一个简单的案例了解 while 的用法。

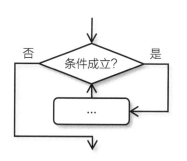

该缩进层级内的代码都属于 while

```
num = -1
while num <= 0:
    num = int(input('输入一个正数:'))
print('输入的正数是:', num)
```

当 num<=0 条件成立时执行 while 内的代码

如果输入负数或 0，那么程序总会让你 input，直到输入了正数（while 的条件不成立了），程序才离开 while 继续往下执行。我们的购物车似乎可以在添加、展示、移除、结算四个行为中反复穿插，如何在 while 中实现这种效果呢？可以使用 input 接收外部输入，使用 if 分离不同的购物车行为。下面我们新建代码文件，输入如下代码。

```
state = '运行中'
while state == '运行中':
    print('-' * 20)
    print('1. 添加商品')
    print('2. 展示购物车')
    print('3. 移除商品')
    print('4. 结算')
    print('q. 退出')
    choice = input('请选择操作:')

    if choice.strip() == '1':
        pass

    elif choice.strip() == '2':
        pass

    elif choice.strip() == '3':
        pass

    elif choice.strip() == '4':
        pass

    elif choice.strip() == 'q':
        state = '结束'
```

Python 支持字符串对象乘以整数
其含义是重复字符串多次
例如 'ab' * 2 的结果为 'abab'
这行代码的目的是在视觉上区分每次操作

起初 state 等于"运行中"成立
因此执行 while 循环中的代码
当输入 q，state 等于"运行中"不成立
while 循环结束

pass 是空语句，意思就是什么都不做
先放到这里占位，之后再写代码
因为如果缩进内没有任何代码
Python 会报错

这个空行不是必需的
主要是为了在视觉上区分各 if 分支

字符串是对象，所以它也有属性和方法
strip 方法的功能是去除字符串左右
两侧的空格，在实践中使用频率极高
用于确保即使输入 ' 2 '，也能顺利比较

if-elif 没有 else，确保了无效输入不会被程序响应
当然你也可以增加 else 分支，说明这是无效输入

（上一页答案：④⑤⑤①①③）

奇怪的购物车！注意变量赋值时机

最后只要把已经完成的添加、展示、移除、结算都放到各自的 if 分支中就可以啦!

```
if choice.strip() == '1':
    pass
elif choice.strip() == '2':
    pass
elif choice.strip() == '3':
    pass
elif choice.strip() == '4':
    pass
```

代码粘贴后注意调整缩进层级　删除 pass

尝试连续添加多个商品，然后选择展示购物车。这时你会发现之前添加的商品都丢失了，只有最近一次添加的商品。同时还存在一个潜在错误：如果直接选择分支 2、3、4，而不先执行分支 1，则 Python 直接报错 car 未定义（'car' is not defined）。这是怎么回事?

先分析第一个问题。因为每次添加商品时，代码都会将变量 car 赋值为空列表（无论 car 是否有元素），然后再添加商品，所以购物车内永远只有 1 个商品。

再分析第二个问题。当分支 1 未被执行时，变量 car 未赋值，因此 car 对程序来说并不存在，分支 2、3、4 见到变量 car 时就会很困惑：它是什么? 因为无法处理这种情况，所以只能报错告诉你 car 未定义。

更改为 car = [ ]，清空购物车

```
car = ['苹果', '橘子', '香蕉']
product = input('添加商品名称:')
car.append(product)
print('已添加', product)

if len(car) == 0:
    print('购物车中没有商品')
else:
    print('购物车中的商品:')
    for i in car:
        print(i)

deleted = input('移除商品名称:')
if deleted in car:
    car.remove(deleted)
    print('已移除', deleted)
else:
    print('购物车中没有', deleted)

total_cost = 0.0
settled = []
for i in car:
    if i == '苹果':
        total_cost += 5
        settled.append(i)
    elif i == '橘子':
        total_cost += 8
        settled.append(i)
    elif i == '香蕉':
        print(i, '缺货无法结算')
    else:
        print(i,'未识别，无法结算')
if total_cost >= 10.0:
    total_cost *= 0.9
for i in settled:
    car.remove(i)
print(f'总共 {total_cost:.2f} 元')
```

这两个现象都和 car=[ ] 的位置有关系，解决方法非常简单：把 car = [ ] 放到程序的开头位置就可以了。

```
car = []
status = '运行中'
while status == '运行中':
    choice= input('请选择操作:')
    if choice.strip() == '1':
        car = []
```

把 car = [] 放到开头
分支 1 可以不断追加商品数据，问题一解决
分支 2、3、4 都"认识"car，问题二解决

项目 2 到这里就结束了。练习题分两部分，仅涉及项目 2 的知识和融合之前项目的知识。一定要完成哦!

基础知识训练营 2-1（参考答案见学习网站）

1. 程序输入考试分数（范围 0 ~ 100），输出该分数对应的等级。

等级规定：0 ~ 59 分对应 E；60 ~ 69 分对应 D；70 ~ 79 分对应 C；80 ~ 89 分对应 B；90 ~ 100 分对应 A。

2. 列表 scores 中保存了多个 0 ~ 100 之间的考试分数（见学习网站中"练习题 2 预置 .py"）。60 分及以上算作通过，请你统计通过（pass_count）和未通过（fail_count）的人数。

3. BMI（Body Mass Index）是身体质量指数，它是国际上常用的衡量人体胖瘦程度以及是否健康的标准之一。其计算公式为：BMI= 体重（千克）÷ 身高（米）的二次方。我国成年人 BMI 标准将 BMI 值分为四类：低体重（BMI<18.5）、正常体重（18.5 ≤ BMI<24）、超重（24 ≤ BMI<28）、肥胖（BMI ≥ 28）。请你实现输入身高和体重，输出 BMI 值（仅呈现一位小数）和结果的程序。如果你感兴趣，还可以尝试把学习网站中的"学龄儿童青少年超重与肥胖筛查"的"表 1 6 ~ 18 岁学龄儿童青少年性别年龄别 BMI 筛查超重与肥胖界值"转换为程序。

4. 假设图书馆有 4 本书：图书 1、图书 2、图书 1、图书 3。请你观察如下运行效果，实现程序。提示：运行过程中按下 Ctrl+C 键（Windows 操作系统）或 control^+C（macOS）可手动结束程序。

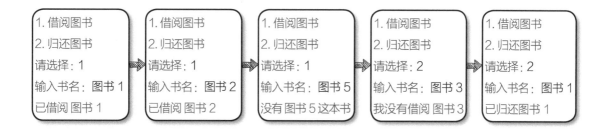

基础知识训练营 2-2

5. 列表的元素可以是不同的数据类型，例如 [1, '1', 1.0, []]。现在列表 numbers 中有四个元素 10、'3'、5.7、'4.3'，请你计算这些"数字"的和。

6. 列表 numbers 中有多个整数（见学习网站中"练习题 6 预置 .py"），请你想办法挑选出其中的偶数存储到列表 even_numbers 中。

提示：去看看项目 1 中基础知识训练营 1 中的第 4 题；尝试使用搜索引擎。

项目 3：检索气象站

计算机世界的知识非常丰富，你将在本书第一部分中通过 4 个项目来学习 Python 基础知识。

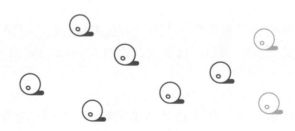

项目 1：知识问答

项目 2：购物车清单

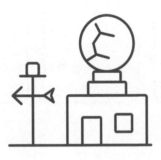

项目 3：检索气象站

涉及知识：字典、读取文件、文本处理、逻辑运算符、循环控制

项目 4：食谱生成器

在学习网站中下载项目 3 文件和 weather.txt，将两者置于同层文件夹内，使用 IDLE 打开 Python 代码文件并运行，试试程序的效果。

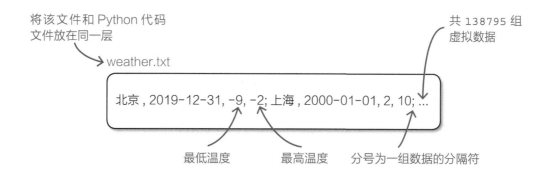

将该文件和 Python 代码
文件放在同一层

weather.txt

共 138795 组
虚拟数据

北京 , 2019-12-31, -9, -2; 上海 , 2000-01-01, 2, 10; ...

最低温度　　　最高温度　　分号为一组数据的分隔符

共加载气象数据：138795 ← ——— 先加载 weather.txt 气象数据

广州 2010 年中有 19 天最低温度低于 10 摄氏度 ←

深圳和广州在 2015 年中有 254 天最高温度超过 30 摄氏度

检索气象数据
挖掘其中隐含的信息

第一个最高温度超过 35 摄氏度的城市：武汉 ←

所有 10 月最高温度超过 30 摄氏度的城市：广州、深圳、东莞 ←

构建气象数据

气象数据包含众多指标，如温度、湿度、风力、风向、气压、降水概率、空气质量指数等。在项目 3 中，我们先尝试保存最低温度和最高温度两个指标。与这两个指标相关的数据是城市和日期，这四个信息一起构成了一组完整的结构。我们如何在 Python 中构建这种结构呢？建立四个变量好像就可以了。

虽然可以用分号连接多行代码，但是在实践中为了可读性，并不推荐

```
city1 = '北京'; date1 = '2010-04-01'; min_temperature1 = 10; max_temperature1 = 20
city2 = '上海'; date2 = '2010-04-01'; min_temperature2 = 11; max_temperature2 = 22
```

但是这显然有问题，一来谁都不知道还有多少气象数据，二来不灵活。因此使用列表是一种可选的设计方法。

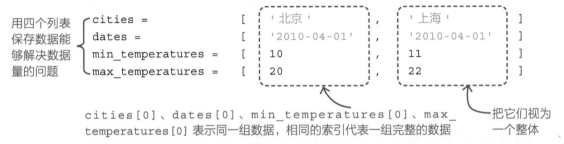

用四个列表保存数据能够解决数据量的问题

cities[0]、dates[0]、min_temperatures[0]、max_temperatures[0] 表示同一组数据，相同的索引代表一组完整的数据

把它们视为一个整体

数据量问题解决了，可是该设计方法依旧不太灵活。例如，修改某组数据时要先寻找索引序号；不能误删任何数据，否则会导致四个列表"不对齐"。因此，我们可以这么思考，既然每 4 个数据为一个整体，在设计时就应当将其"打包"，而非分散到各个列表中。这个问题的答案可以在手机通讯录的设计中探寻灵感。

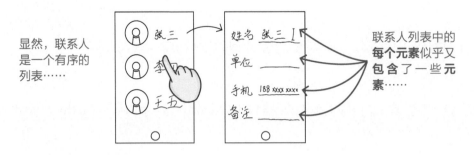

显然，联系人是一个有序的列表……

联系人列表中的**每个元素**似乎又**包含**了一些**元素**……

列表可以包含任意数据类型的元素，当然也可以包含列表。所以能否将气象数据改造为如下形式呢？

```
weather_data=[['北京', '2010-04-01', 10, 20],['上海', '2010-04-01', 12, 22]]
```

这种形式比之前好多了！四个数据不仅打包为一个整体，而且灵活性问题也解决了。但是与此同时带来了新问题：10、20、12、22 的含义不明（之前还有 min/max_temperatures 的提示），现在可能就咱俩知道这代表温度了，因此可读性很差。

用字典保存气象数据

除了列表外，Python 还提供了字典数据类型。就像真实的字典一样，**每个字/词都是独一无二不可重复的**，通过字/词就可以**直接**找到相应的释义。下面我们在 IDLE 中新建文件，输入如下代码，构建一个气象数据字典。

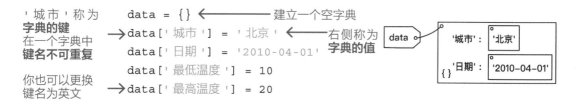

' 城市 ' 称为
字典的键
在一个字典中
键名不可重复

你也可以更换
键名为英文

```
data = {}                          建立一个空字典
data[' 城市 '] = ' 北京 '            右侧称为
data[' 日期 '] = '2010-04-01'       字典的值
data[' 最低温度 '] = 10
data[' 最高温度 '] = 20
```

也可以使用另一种更简洁的写法，实践中两者都很常见。

```
data = {' 城市 ': ' 北京 ', ' 日期 ': '2010-04-01', ' 最低温度 ': 10, ' 最高温度 ': 20}
```

注意两点。第一，字典中的键一旦设置就不能修改（可以使用 del 删除键）；第二，不能使用不存在的键，或者换一种说法：键存在后才能使用。

```
city = ' 北京 '
data = {' 城市 ': city}
del data[' 城市 ']         删除字典中的某个键
print(data[' 城市 '])       不能使用不存在的键
```

可以看出，列表和字典都使用 [ ] 符号来作为索引，区别是：列表的索引为位置序号，而字典的索引为某个有意义的信息。接下来我们就能够把之前无意义的数据替换为有意义的数据了。

```
weather_data = [ [' 北京 ','2010-04-01',10,20] , [' 上海 ','2010-04-01',12,22] ]

weather_data = [ {' 城市 ':' 北京 ',' 日期 ':'2010-04-01',' 最低温度 ':10,' 最高温度 ':20},
                 {' 城市 ':' 上海 ',' 日期 ':'2010-04-01',' 最低温度 ':12,' 最高温度 ':22}]
```

当然你也可以分开写：

```
data1 = {}                    data2 = {}
data1[' 城市 '] = ' 北京 '      data2[' 城市 '] = ' 上海 '
data1[' 日期 '] = '2010-04-01'  data2[' 日期 '] = '2010-04-01'
data1[' 最低温度 '] = 10        data2[' 最低温度 '] = 11
data1[' 最高温度 '] = 20        data2[' 最高温度 '] = 22
                              weather_data = [data1, data2]
```

当数据量特别大时，我想很少有人能接受手工录入数据吧！那么如何解决这个问题呢？

从外部文件读取气象数据

下载 weather.txt 置于 Python 代码文件的同层目录。清空已有代码，准备从外部文件读取气象数据。

```
weather_str = ''
with open('weather.txt', 'r', encoding='utf-8') as f:
    weather_str = f.read()
print(weather_str[0:50])
```

第二部分讲解等号的含义

如果顺利的话，你会看到程序输出了 weather.txt 中的前 50 个字符。代码中有很多新奇的东西，上面的代码其实是如下代码的简写：

open 函数可以打开文件
第一个参数是文件名，第二个参数是打开模式，r 表示 read，即仅读取该文件
第三个参数和文件的编码有关，较为复杂，不作更多解释

```
f = open('weather.txt', 'r', encoding='utf-8')
weather_str = f.read()
f.close()
```

释放文件对象 f 所占用的操作系统资源

f 是 file 的简称
open 函数会得到一个对象
使用赋值符号来接收它

为什么要 with..as..？直接这么写岂不是更简捷？使用 with 时，Python 会确保代码离开 with 后自动调用 as 后面对象的 close 方法，以实现资源的自动释放。它主要起到避免遗忘的作用，同时也强调 with 中的代码正在使用某些资源（一般要避免长时间占用资源）。read 是 f 对象的方法，表示读取文件中的所有文本。

Python 为字符串实现了索引方法，例如 '01234'[1] 的结果是 '1'。列表和字符串一样都是有序元素的集合（字符串是众多单一字符的集合），所以字符串的索引符合直觉。索引有一种特殊的写法——切片，在实践中使用频率很高。顾名思义，切片就是在一个有序的集合上切出部分片段。

```
'a b c d e'[1:4]
```
索引序号 0 1 2 3 4
该数字要-1

Python 之所以这样设定，是因为
后面数字 - 前面数字 = 切出来的元素数量

weather_str[0:50] 的意思就是从第 0 个字符开始切到第 50-1=49 个字符，共 50-0=50 个字符。第一个数字如果不写则默认为 0，所以 [0:50] 可以简写为 [:50]。**注意，切片的结果只是一个复制品，并不会影响原数据。**

print(weather_str[0:50]) 的目的是确认是否成功从文本文件中读取到气象数据。如果确认无误，那么这行代码暂时就没有什么用了。你可以删除，或者注释它以备后用，这也是注释（#）除解释说明代码功能外另一个重要作用。

```
# print(weather_str[0:50])
```

处理有规律的气象文本数据

气象数据字符串如何为你所用呢？可以观察到字符串长度 len(weather_str) 的结果居然高达 272 4830！别惊讶，这在实践中并不稀奇。我们关注的核心应当是字符串是否有规律，或者说是否呈现出结构性。只要是出现规律，你就能用循环和分支结构瞬间分解它，将数据赋予结构！下面我们仔细观察气象数据字符串的规律。

北京 ,2000-01-01,-12,2; 北京 ,2000-01-02,-12,1; 北京 ...

- 规律 1：英文分号分隔了每组数据；
- 规律 2：每组数据内使用英文逗号分隔了城市、日期、最低温度、最高温度，且四个属性的顺序都是如此。

利用这两点规律就能够把气象数据字符串结构化地存储到列表和字典中。在读取文件后添加如下代码。

```
应用规则 1   weather_list = weather_str.split(';')
            weather_data = []
            print(weather_list[0:10])

应用规则 2   for data in weather_list:
                data = data.split(',')
                data = {'城市': data[0], '日期': data[1],
                        '最低温度': int(data[2]), '最高温度': int(data[3])}
                weather_data.append(data)
            print('共加载气象数据: ', len(weather_data))
            print(weather_data[0:2])
```

字符串的 split 方法使用频率很高
它的功能是按照参数制定的字符串进行分割，例如
'1#2#3,4'.split(',') 的结果为 ['1#2#3','4']
'1#2#3,4'.split('#') 的结果为 ['1','2','3,4']
列表的索引也可以切片，和字符串切片一样
目的是查看切片结果是否有异常
确认无误后，可以将它注释掉

确认无误后，可以将它注释掉

应用规则 2 的代码中，针对每一组数据（for...in...），把它按照英文逗号进行分割（split(',')），分割后的 data 是一个列表，其中包含四个元素，使用 data[0] ～ data[3] 依次获取。data = {'城市': data[0]... 的写法表明删除之前变量和对象的标签链接，建立一个新的链接，如下图所示（这么做是因为不必新增一个临时变量）。最后对列表 weather_data 进行 append。

这是你第一次应用组合数据类型。列表嵌套字典的使用场景非常多。之前的纯文本字符串数据被转换成了列表中嵌套字典的形式，这类转换也叫作数据的结构化。接下来你就能从后续的检索任务中感受到结构化的好处了。

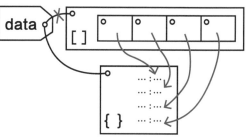

使用逻辑运算符检索

如果要在气象数据中检索广州 2010 年最低温度低于 10 摄氏度的天数要怎么做？可以把遍历和 if 结合起来。

```
count = 0
for data in weather_data:
    if ............................ :
        count += 1
print(f' 广州 2010 年中有 {count} 天最低温度低于 10 摄氏度 ')
```

遍历的大框架不难写，不过循环内的 if 条件怎么写呢？之前学习 if 命令时条件只有 1 个，不过在实践中条件大都非常复杂。例如这里要同时满足三个条件：广州、2010 年、最低温度低于 10 摄氏度。看来需要一些魔法把它们整合在一起：有请逻辑运算符 and。and 的用法倒也简单，把条件列在 and 左右两侧即可。向 if 条件中补充如下代码：

```
data[' 城市 ']==' 广州 '  and data[' 最低温度 ']<10 and data[' 日期 '].split('-')[0]=='2010'
```

and 表示并且：只有当左右两侧的条件都成立时，结果才成立，有任何一侧条件不成立，结果都不成立。and 可以连写：A and B and C，此时 Python 先计算 A and B 是否成立，如果不成立，那么"不成立"and B 必然不成立；如果 A and B 的结果成立，那么"成立"and C 的结果就要看 C 是否成立了。

注意 data[' 日期 '].split('-')[0] 的写法。日期键得到有规律的字符串，使用 split 分割后得到 3 个元素的列表，其中索引 0 就是年份。本项目使用连写的方法更简洁，当然也能在 if 之前建立一个变量来存储年份。

深圳和广州地理位置较近，我比较好奇它们在 2015 年一共有多少天最高温度高于 30 摄氏度。2015 年和最高温度可以照葫芦画瓢地修改，但是第一个条件就不行了，下面有两种改造方法。

```
方法一   data [' 城市 '] == ' 广州 ' or data [' 城市 '] == ' 深圳 '
方法二   data [' 城市 '] in [' 广州 ', ' 深圳 ']
```

方法二不再多说，我们在项目 2 中已经见过（if deleted in car）。方法一的 or 是另一种逻辑运算符，表示或者，即只要左右两侧的条件有任意一个成立，结果就成立。注意，or 的运算优先级比 and 低，所以要给它添加括号。

```
(data[' 城市 ']==' 广州 'or data[' 城市 ']==' 深圳 ') and data[' 最高温度 ']>30 and data[' 日期 '].split('-')[0]=='2015'
```

and 和 or 在实践中运用得非常广泛。下面总结了两者的区别。

and(并且)	条件 1 成立	条件 1 不成立
条件 2 成立	✅	❌
条件 2 不成立	❌	❌

or(或者)	条件 1 成立	条件 1 不成立
条件 2 成立	✅	✅
条件 2 不成立	✅	❌

使用循环控制命令优化检索

如果只期望找到整个气象数据集中第一个最高温度超过 35 摄氏度的数据，要如何做呢？使用 for 去遍历整个数据集似乎不是一个好方法，因为找到第一个符合条件的数据时，之后的数据就不用再遍历了。

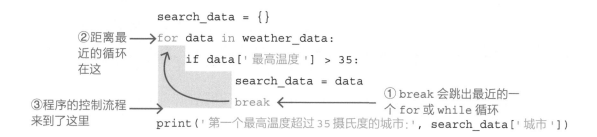

只要你确定 break 之后的代码无须再执行，就可以使用 break 提前结束循环。它通常可以提高程序执行效率，以避免没有意义的遍历。

除 break 外，另一个控制循环的命令是 continue。顾名思义，continue 忽略最近一个循环内的后续代码，重新开始本次循环。下面继续添加如下代码，它实现了检索所有 10 月最高温度超过 30 摄氏度的城市。

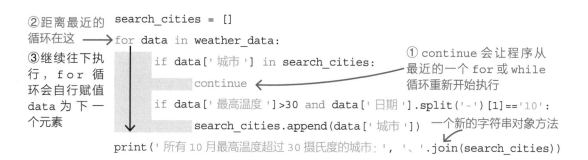

如果某个城市已经被检索过了，那就没有必要再判断它的 10 月最高温度了。因此执行 continue 结束后续循环内的代码，让程序继续判断下一个气象数据。代码中有一个新的字符串对象方法 join，它的功能是把参数（通常是列表且元素为字符串）中的每一个元素中间都插入前面的字符串，最后构成一个大字符串。显然，join 和 split 是相反的操作，且在实践中均高频使用。

项目 3 到这里就结束了。练习题分为两部分，仅涉及项目 3 的知识和融合之前项目的知识。虽然项目 3 代码不长，但是考虑其中涉及许多关键编程知识，所以练习题量有所增加，而且有部分新知识。一定要完成哦，因为认知心理学家告诉我们，只有在练习中主动思考，才能让你的大脑调整神经结构去融入这些知识！

基础知识训练营 3-1（参考答案见学习网站）

1. 判断闰年并非测试年份能否被 4 整除那么简单。以下两个条件满足其一即是闰年：第一，能被 4 整除但不能被 100 整除；第二，能被 400 整除。请你编写测试闰年的程序。

2. 列表 dates 保存了一些字符串：'2010-1-1'，'2010-1-02'，'2010-12-1'，'2010-12-02'（见学习网站中"练习题 2 预置 .py"）。请你使用循环结构和分支结构将每个元素都处理成较为标准的格式：月份和天数都是两位数，不足两位则前面补 0。

3. 基于项目 3 的气象数据 weather_data（见学习网站中"练习题 3 预置 .py"），计算北京 2010 年 6 月的平均温度，输出 2 位小数。

提示：求和函数可以使用 sum。例如 sum([1,2,3]) 的结果为 6。

4. 假设有一个字符串："1;2;3;"。其中 1、2、3 是我们期待截取出来的信息。理论上应该使用 split。请你试试这么做有什么问题？如何避免这个问题？

5. 在讲解 break 时，你尝试检索了气象数据集中第一个符合最高温度超过 35 摄氏度的数据，之后便退出了检索过程。现在希望检索前三个符合条件的数据（见学习网站中"练习题 5 预置 .py"），应该如何做？

6. 气象数据集中都有哪些城市呢？虽然你也可以手动统计，但是费时费力。请你用程序统计出来（见学习网站中"练习题 6 预置 .py"）。

提示：除了 and 和 or 两个逻辑运算符外，还有一个逻辑运算符 not。例如，'北京' in cities 表示字符串 '北京' **在**列表 cities 中，那么 '北京' **not in** cities 就表示字符串 '北京' **不在**列表 cities 中。

7. 某字典保存了人口数量：{'北京': 2154,'上海':2424,...}（见学习网站中"练习题 7 预置 .py"）。将各元素乘以 1000 后输出。

提示 1：输出字典可以直接使用 print（字典）。

提示 2：字典和列表、字符串一样都是集合性质的数据类型，同样可以使用 for 进行遍历，方法为 for 键 in 字典：print（字典 [键]）。

8. 假设字典 d = {'a': 1, 'b': 2}。请你实现外部输入待删除的键，程序将该键删除。但若键不存在，则提示"键不存在，无法删除"。

提示 1：为了判断字典中是否包含键，可以使用 if 键 in 字典。

提示 2：观察练习题 6 的 not。

9. 有一个字符串 story = 'Once there was a cat...'（见学习网站中"练习题 9 预置 .py"）。请你用字典统计其中元音字母 aeiou 的数量。例如，假设 story ='Aabcde'，那么程序输出的字典为 {'a': 2, 'e': 1, 'i': 0, 'o': 0, 'u': 0}。

提示 1：遍历字符串的方法为 for s in 字符串：print(s)。

提示 2：和列表可以使用 if 元素 in 列表一样，以及和字典可以使用 if 键 in 字典一样，也可以使用 if '1' in '123' 来判断单个字符是否位于某个字符串中，或者使用 if '12' in '123' 来判断字符串 12 是否位于字符串 123 中。

提示 3：字符串有两个方法可以转换英文大小写，'aA'.upper() 的结果为 'AA'，'aA'.lower() 的结果为 'aa'。

10. break\continue 可以作用于 for 循环，也可以作用于 while 循环。在项目 2 中（见学习网站中"练习题 10 预置 .py"），我们设计了一个菜单，可以通过输入数字来执行不同的行为。当 choice 等于 'q' 时执行 state = '结束'，此时 while state == '运行中' 判断条件不成立，使程序退出了 while 循环。能否把 state = '结束' 换成 break 呢？为什么？

11. 项目 2 在结算购物车时，单价数据和商品没有绑定在一起。能否像项目 3 一样使用字典把相关数据整合在一起呢？可以在项目 2 开头新增 prices 变量（见学习网站中"练习题 11 预置 .py"），它保存了各个商品的价格。请你尝试修改结算功能。

12.（警告：高难度挑战）项目 2 中的商店支持无限供应商品，你可以添加无数个商品到购物车中，但这不对劲！尝试限定商品的数量，使其不能无限添加。大体思路是把商品名称、价格、库存量绑定在一起，本书第二部分思维 3：抽象建模将解决该问题。

项目 4：食谱生成器

计算机世界的知识非常丰富，你将在本书第一部分中通过 4 个项目来学习 Python 基础知识。

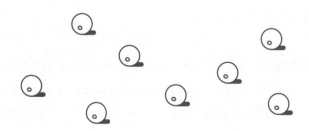

项目 1：知识问答

项目 2：购物车清单

项目 3：检索气象站

项目 4：食谱生成器

涉及知识： 函数、返回值、参数、函数调用、导入模块在学习网站中下载项目 4 文件，使用 IDLE 打开并多次运行，试试程序的效果。

红烧洋葱：将洋葱、鱼肉、胡萝卜放入锅中煮熟，然后烧煮辅料至入味，加入味精、蒜调味即可。

食谱生成器随机生成食谱，有时会出现黑暗料理！

油炸番茄：将番茄、羊肉、洋葱裹上面糊，放入热油中炸至金黄色，加入盐、姜调味即可。

烤炸鸡肉：将鸡肉、胡萝卜、土豆放入烤箱中用高温烘烤，然后放入热油中炸至金黄色，加入盐、酱油调味即可。

首先输出食谱名称：一种烹饪手法 + 第一个食材名称
然后呈现食谱的做法

煎烤牛肉：将牛肉、洋葱、青椒放入平底锅中煎熟，然后放入烤箱中用高温烘烤，加入盐、姜调味即可。

蒸煮牛肉：将牛肉、洋葱、羊肉放入蒸锅中蒸熟，然后放入锅中加水或汤料煮至入味，加入蒜、辣椒调味即可。

食谱做法分为两步：
第一步，描述烹饪方法，其中包含一些随机食材

爆炒土豆：将土豆、鱼肉、番茄放入热锅中，在高温下快速翻炒，出锅装盘，加入盐、姜调味即可。

第二步，添加一些随机的调料进行调味

设计生成食谱的函数

食谱生成器的核心功能是生成一个随机食谱做法。观察运行效果，并观察食谱的构成规律。

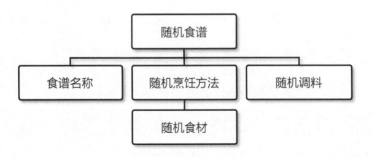

如何使用程序描述该结构？函数是最佳选择。我们在项目 1 中就接触过 input、print、int 函数，它们能够实现特定的功能。除了 Python 提供的函数外，你还可以实现自己的函数。在 IDLE 中新建一个文件，输入如下代码。

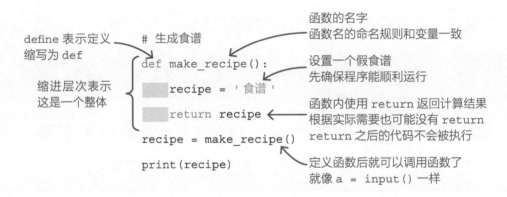

当调用 make_recipe() 函数时，就相当于使用了函数定义内的代码，这样就赋予了 make_recipe 含义：它会给调用者返回一个食谱字符串。你是否疑惑为什么函数内有变量 recipe，而函数外也有 recipe？函数内外有相同的变量名并不少见。实际上，函数内的 recipe 和函数外的 recipe 并不是同一个变量标签。仔细观察下面的图示，当函数 return 之后，函数内建立的所有变量标签都不存在了。所以你可以把它们看作临时变量标签。

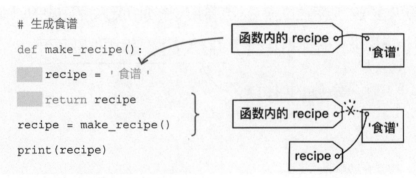

用字典存储烹饪方法

我们把"食谱名称"放在一边，先设计 make_recipe 中的核心内容"随机烹饪方法"。设计的常见方法有：爆炒、煮煎、油炸、煎烤、蒸煮、焖炖、红烧、烤炸。直觉上，使用 if 分支结构就可以设置不同的食谱。

```
if cooking_method == '爆炒':
    methods_steps = '将食材放入热锅中，在高温下快速翻炒，出锅装盘'
elif cooking_method == '煮煎':
    methods_steps = '...'
```

只要有办法将 cooking_method 设置为八种烹饪方法之一，methods_steps 就会随之变化。不过还有一种更加巧妙的方式——使用字典存储烹饪方法。考虑到烹饪方法无重复（字典的键不能重复），每种烹饪方法都有对应的方法步骤，因此可以将烹饪方法作为键，方法步骤是键对应的值。

```
# 生成食谱
def make_recipe():
    # 定义不同烹饪方法的步骤
    cooking_methods = {
        '爆炒': '将食材放入热锅中，在高温下快速翻炒，出锅装盘',
        '煮煎': '将食材放入沸水中煮熟，然后放入平底锅中煎熟',
        '油炸': '将食材裹上面糊，放入热油中炸至金黄色',
        '煎烤': '将食材放入平底锅中煎熟，然后放入烤箱中用高温烘烤',
        '蒸煮': '将食材放入蒸锅中蒸熟，然后放入锅中加水或汤料煮至入味',
        '焖炖': '将食材放入锅中加水或汤料焖煮至熟透',
        '红烧': '将食材放入锅中煮熟，然后烧煮辅料至入味',
        '烤炸': '将食材放入烤箱中用高温烘烤，然后放入热油中炸至金黄色',
    }
    recipe = '食谱'
    return recipe
```

这些缩进主要是为了保持美观，可以删除，但建议缩进

在学习网站中复制该段文字

——一会就把食材修改为"随机食材"

字典 cooking_methods 压缩了大量 if 分支结构，使程序更加紧凑、凝练、易读。接下来我们只需要选取任一键及其值，就可以得到烹饪方法和步骤。如何随机选出一个键呢？我们在代码文件开头新增一行代码。

```
import random
```
←—— 导入标准库中的 random 模块

然后在字典 cooking_methods 赋值结束后，新增三行代码。

```
# 随机选取烹饪方法
cooking_method = random.choice(list(cooking_methods))
method_steps = cooking_methods[cooking_method]
```
使用 random 模块中的 choice 函数

导入标准库中的模块是什么意思？ random.choice 又是什么？

导入并使用标准库中的 random 模块

标准库是 Python 官方提供的工具箱，其中**包含**众多特定功能的**模块**。除了标准库，还有非官方的第三方库，其中包含更多模块（本书仅使用标准库中的模块）。random **模块**属于标准库，其中**包含**众多随机**函数**。当执行 import random 后，就相当于告诉 Python：请导入 random 模块，我准备使用其中的函数。习惯上，所有的 import 命令都会放在代码文件的最上方。

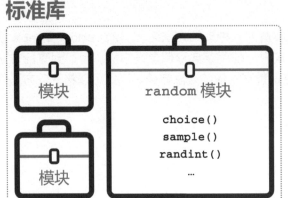
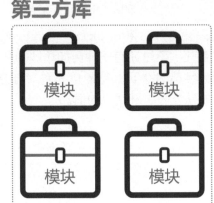

导入模块之后就能够使用模块中的功能了。例如，random 模块包含 choice 函数，它的功能是随机地从列表或字符串中挑选出一个元素。下面代码中的 list 函数可以将字典转换为列表，其中每个元素都是字典的键。

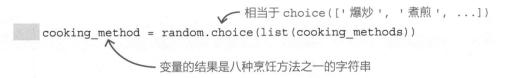

如果你觉得 "random." 有点多余，还有另外一种导入方式供你选择，它在实践中也很常见。

$$from\ random\ import\ choice \longleftarrow \quad 如果有多个函数，用英文逗号隔开$$

此时，代码简化为 cooking_method = choice(list(cooking_methods))。项目 4 仍采用前一种导入方式。

cooking_method 是字典 cooking_methods 的键，因此可以直接获取到该键对应的值，也就是具体的烹饪步骤描述。

```
       ┌─ 该键的值        ┌─ 字典
method_steps = cooking_methods[cooking_method]
```

那么烹饪步骤 method_steps 中的食材如何更换为随机的食材呢？

选取随机食材

观察每个烹饪方法，它们都有两个特点。第一，都包含"食材"两个字；第二，都是字符串类型。你已经使用过字符串的 strip、split、join 方法，这自然启发我们思考：有没有方法可以替换字符串中的子字符串呢？它就是字符串的 replace 方法。使用起来也很简单，例如，'我是谁？我在哪？'.replace ('我', '你')的结果为'你是谁？你在哪？'。所以我们只需要将'食材' replace 地替换为随机食材即可。在赋值 method_steps 之后继续添加如下代码。

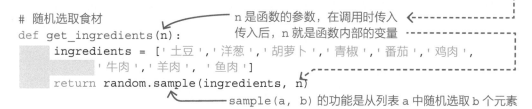

```
# 随机选取食材
ingredients = get_ingredients(3)
method_steps = method_steps.replace('食材', '、'. join(ingredients))
```

将食材二字替换为函数的返回值
用顿号连接 n 个食材

我们新增了一个函数 get_ingredients。当调用 get_ingredients(3) 时，它会返回一个包含 3 个食材的列表，如 ['牛肉', '洋葱', '青椒']。括号中的 3 是函数的参数，这一形式你已运用多次，如 input('...')、print('...')。下面我们来实现这个函数吧，在 import random 下面添加如下代码。

```
# 随机选取食材
def get_ingredients(n):
    ingredients = ['土豆','洋葱','胡萝卜','青椒','番茄','鸡肉',
        '牛肉','羊肉','鱼肉']
    return random.sample(ingredients, n)
```

n 是函数的参数，在调用时传入
传入后，n 就是函数内部的变量

sample(a, b) 的功能是从列表 a 中随机选取 b 个元素

为什么 get_ingredients 要定义在 import 的下面？我们来看看 Python 见到代码时的执行顺序。

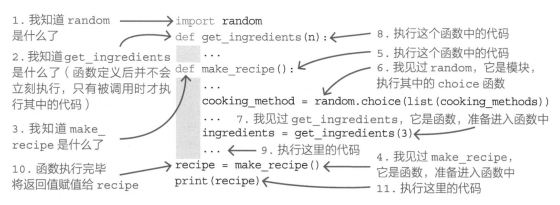

1. 我知道 random 是什么了 —→ import random
def get_ingredients(n): ←— 8. 执行这个函数中的代码
2. 我知道 get_ingredients 是什么了（函数定义后并不会立刻执行，只有被调用时才执行其中的代码）   ...
def make_recipe(): ←— 5. 执行这个函数中的代码
6. 我见过 random，它是模块，执行其中的 choice 函数
...
cooking_method = random.choice(list(cooking_methods))
...   7. 我见过 get_ingredients，它是函数，准备进入函数中
3. 我知道 make_recipe 是什么了
ingredients = get_ingredients(3) ←
... ←— 9. 执行这里的代码
4. 我见过 make_recipe，它是函数，准备进入函数中
10. 函数执行完毕将返回值赋值给 recipe —→ recipe = make_recipe() ←
print(recipe) ←——— 11. 执行这里的代码

一开始可能会有些绕，原则是先"知道"再"见过"。因此，get_ingredients 还可以定义在 make_recipe 之后，但是不能定义在 recipe = make_recipe() 之后。因为 Python 还不"知道"get_ingredients 是什么，那么在 make_recipe 中执行它时程序就会报错：'get_ingredients' is not defined。

选取随机调料

"随机调料"和"随机食材"代码近似。在 replace 食材之后继续添加如下代码。

```
# 随机选取调料
seasoning = '、'.join(get_seasoning())
```

接着定义 get_seasoning 函数。聪明的你应该知道在哪里定义这个函数吧？只要确保定义函数的代码比调用函数的代码先出现即可。

```
# 随机选取调料
def get_seasoning():
    seasonings = ['盐', '酱油', '味精', '辣椒', '姜', '蒜']
    return random.sample(seasonings, 2)
```

你也可以尝试添加更多搞怪的烹饪方法、随机食材和随机调料

最后生成"食谱名称"，并将各个字符串拼接起来赋值给 recipe。在选取随机调料后继续添加代码，并迭代之前已有的赋值 recipe 的代码。食谱生成器大功告成！

之前获取的随机字典的键 列表的索引 0 为第一个食材

```
# 生成食谱名称
dish_name = cooking_method + ingredients[0]
# 将随机生成的食材、烹饪方法和调料填入模板
recipe = f'{dish_name}:{method_steps}，加入 {seasoning} 调味即可。'
return recipe
```

f 字符串就像一个模板
将相应的变量嵌入进去即可

有没有办法让调料的数量也随机呢？既然 random 模块专门处理随机，那么就以此切入。该模块中包含一个 randint 函数，用法是 randint(a, b) 会返回 a 到 b 之间的整数（包括 a 和 b）。将上面 sample 的参数 2 修改为如下代码。

原先参数是 2

```
return random.sample(seasonings, random.randint(1, 3))
```

项目 4 到这里就结束了。练习题分为两部分，仅涉及项目 4 的知识和融合之前项目的知识。请你一定要动手尝试哦，编程知识光靠看是学不会的，要相信只有坚决实践、主动思考、遇到困难、克服解决的过程才能让你真正吸收知识。

1. 假设 cooking_methods 的值中包含多个 "食材"（**粗体**为新增的文本）：

```
cooking_methods = {
    '爆炒' : '将食材放入热锅中，在高温下快速翻炒食材，出锅装盘 ',
    '煮煎' : '将食材放入沸水中煮熟，然后将食材放入平底锅中煎熟 ',
    '油炸' : '将食材裹上面糊，将食材放入热油中炸至金黄色 ',
    '煎烤' : '将食材放入平底锅中煎熟，然后将食材放入烤箱中用高温烘烤 ',
    '蒸煮' : '将食材放入蒸锅中蒸熟，然后将食材放入锅中加水或汤料煮至入味 ',
    '焖炖' : '将食材放入锅中加水或汤料焖煮至熟透 ',
    '红烧' : '将食材放入锅中煮熟，然后烧煮辅料至入味 ',
    '烤炸' : '将食材放入烤箱中用高温烘烤，然后将食材放入热油中炸至金黄色 ',
}
```

倘若直接 replace 食材，那么所有的 "食材" 都会被替换。但现在希望 replace 仅作用在第一个食材，而之后的食材保持不变，该如何做呢？

2. 设计一个投骰子函数 roll_dice(n)，参数 n 表示要投掷几次骰子。

要求：返回的结果是元素数量为 n 的列表，其中包含 1 ~ 6 的整数。

例如：调用 roll_dice(3)，返回值为 [2, 4, 1]；调用 roll_dice(5)，返回值为 [2, 4, 1, 6, 3]。

3. 设计一个生成随机密码的函数 generate_password(length)，参数 length 表示密码的长度。

要求：返回的密码由小写字母、大写字母、数字组成；密码字符可以重复。

例如：调用 generate_password(8)，返回值为 6re22MEH。

4. 设计一个抽奖函数 lottery(a, n)，参数 a 是列表，表示参与抽奖的人；参数 n 是整数，表示一等奖的数量。

要求：返回字典，键 "一等奖" 包含 a 中的 n 个元素，键 "二等奖" 包含 a 中的 n+1 个元素，键 "三等奖" 包含 a 中的 n+2 个元素。每个键中的值不能重复。

提示：字典的值可以是任意数据类型。

5. 实现一个猜数字游戏。程序随机生成一个 1 ~ 100 之间的数字。玩家随意输入：如果输入较大，提醒玩家"猜大了"；如果输入较小，提醒玩家"猜小了"；如果猜测正确，提醒玩家"猜对了"，游戏结束。玩家一共只有 10 次机会。游戏的形式如下所示：

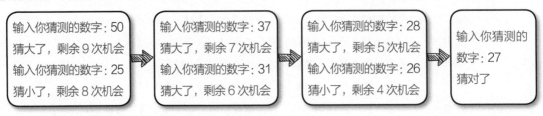

6. 实现经典的剪刀石头布游戏。游戏为五局三胜制，由你先出拳，计算机后出拳。游戏的形式如下所示：

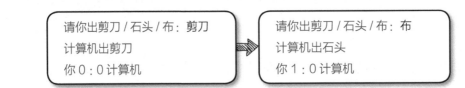

提示：将判断玩家和计算机出拳胜负结果的逻辑整合到函数中，让程序的逻辑更加清晰。

7.（警告：高难度挑战）如果在上个练习题中你使用了大量的 if 分支结构，可以尝试把有规律的逻辑存储到字典中，以简化程序的逻辑。

8.（警告：高难度挑战）设计一个判断星座的函数 zodiac(m, d)，参数 m 代表月，参数 d 代表日。

1.20 ~ 2.18 为水瓶座；2.19 ~ 3.20 为双鱼座；3.21 ~ 4.19 为白羊座；4.20 ~ 5.20 为金牛座；5.21 ~ 6.21 为双子座；6.22 ~ 7.22 为巨蟹座；7.23 ~ 8.22 为狮子座；8.23 ~ 9.22 为处女座；9.23 ~ 10.23 为天秤座；10.24 ~ 11.22 为天蝎座；11.23 ~ 12.21 为射手座；12.22 ~ 1.19 为摩羯座。

提示 1：if a < b and b < c 等价于 if a < b < c。

提示 2：将月和日转换为字符串，并进行字符串的比较，将使程序逻辑大幅简化。

提示 3：字符串的比较规则是从左到右逐个字符进行比较。

• 例如，'203' 和 '204' 比较，先比较第 1 位，相同则比较第 2 位，再相同则比较第 3 位，'3'<'4'，所以 '203'<'204'。

• 再如，'191' 和 '20' 比较，先比较 '1' 和 '2'，由于 '1'<'2'，所以 '191'<'20'。

（如果你对背后的原理感兴趣，可以尝试搜索"字符串比较规则 ASCII"）

提示 4：特别关注 zodiac(12, 31) 和 zodiac(1, 1) 的返回结果是否正确。

总结

第一部分的 4 个项目和 4 个基础知识训练营到这里就结束了。有没有按照约定在一周内完成呢？习题全部都做完了吗？下面我们总结一下第一部分的编程知识，请你确保都已经掌握。还有一些重要的知识点，我们在第二部分中穿插学习。

数据类型：-1 3.14 '123' [1, 2] {'a': 1} type() 变量命名规则

算术运算：+ - * / % // **

输入输出：name = input('...')、print('...')

类型转换：int()、float()、str()、list()

流程顺序：if-elif-else、while、for、continue、break

复合赋值：+= -= *=

关系运算符：> >= < <= == != a < b < c

逻辑运算符：and or not

索引切片：[a:b]

列表的方法：lst.append()、lst[0]、del lst[]、lst.remove()、元素 in 列表

字典的方法：键 in 字典、字典[键]、list(字典)

字符串的方法：strip()、join()、split()、'a' in 'a123'、replace()、lower()、upper()、'123'<'23'

文件操作：with open('1.txt', 'r') as f: txt = f.read()

遍历：for 元素 in 列表、for 键 in 字典、for 字符 in 字符串

有用的函数：len()、sum()

导入模块：import random、import choice from random

random 模块：choice()、sample()、randint()

函数：def func(n): return ...、调用 func(1)

其他：pass、f'...{name}...'、f'{money:.2f}'

如果确认自己都已掌握，那么准备进入第二部分吧！下面我们开始学习编程思维。

第二部分

学习编程思维

什么是编程思维

当一个人在特定情景中使用编程工具解决计算问题时，他所表现出来的行为称为编程思维能力，或者可以说他具有编程思维。在解决问题的过程中，他不仅需要把各种各样的编程知识（即本书第一部分）富有逻辑地、创造性地、严谨缜密地组合构建起来，更需要使用一些方法和技能（即本书第二部分），最终达到特定目的（即本书第三部分）。这就好比英语单词和语法的关系，两者同时发挥作用时才能达到特定目的。可以看出，本书第二部分的内容承上启下，它对培养你的编程能力至关重要。

经过我的长期观察和总结，一个人在使用编程工具解决问题时会表现出来 12 种编程思维能力，每种能力还可以细分出 4 ~ 9 个子能力。考虑它们对初学者的必要性和重要性，我选出其中 9 种思维及其部分子能力，把它们设计成探究活动，期待你会沉浸并享受思考的过程。

和第一部分（知识）内容不同，第二部分（技能）内容需要你主动思考，因为技能只能在你的反思中被大脑吸收，照着书本机械地敲代码是徒劳无用的。最初你可能对技能的运用有些生疏，不要灰心，这是每位学习者必经的阶段。倘若勤加思考，这些技能将潜移默化地成为你的一部分。熟能生巧，唯手熟尔。所以你要跟着探究活动的指导前行哦！千万不要只用眼睛思考，否则这些技能都没有意义了，增强自己的编程思维能力也成了纸上谈兵。

如何学习第二部分

我们约定如下学习规则。

- 规则 1：不要跳过每一个探究活动，按照顺序依次学习。

- 规则 2：标记 🔍 则进入学习网站，特别是需要你提交代码的地方。

- 规则 3：学习网站有锦囊提示，不会做的话看看提示信息。

- 规则 4：当你提交自己的答案后，就能够看到其他人提交的内容，尝试学习他人的

想法。

- 规则 5：两周内学习完毕。

思维 1：测试调试

知识永远学不完，你将在本书第二部分中学习 9 种编程思维，使用它们驾驭你已知的和未来无尽的编程知识。

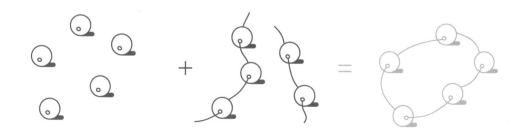

测试调试

A：发现程序存在的异常现象，有策略地定位问题并将其修复。
B：复现问题出现的条件和过程，简化复杂的问题场景并将其修复。
C：思考代码的潜在问题，设计并实施测试方案。

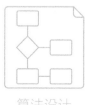

算法设计

抽象建模

系统设计

问题分解

问题定义

实验迭代

作品创造

作品分析

什么是测试调试

测试是指对程序的潜在错误进行排查。调试是指识别并发现异常现象，并且修复程序中的错误。

你应该会在第一部分中发现有时 Python 会报错，例如以下代码都会给出错误信息。

```
A = 1
print(a)

NameError: name 'a' is
not defined
```

```
d = {}
print(d['键'])

KeyError: '键'
```

```
a = 1
print(a/0)

ZeroDivisionError: divi-
sion by zero
```

```
d = {}
d.strip()

AttributeError: 'dict' object has no at-
tribute 'strip'
```

```
lst = []
print(lst[0])

IndexError: list index
out of range
```

你或许会说"我绝不会犯这些错误，它们都太明显了，很容易就能避免"。那么下面的代码呢？

```
def calculate_average(numbers):
    total = sum(numbers)
    average = total / len(numbers)
    return average
```

```
with open('myfile.txt', 'r') as file:
    contents = file.read()
```

当调用 calculate_average 计算平均数时，如果参数 numbers 是一个空列表，那么程序便会触发除数为 0 的错误；如果 myfile.txt 不存在，那么程序也会报错。这两个错误并不总是立刻出现的，而是有条件的，所以它更加隐晦，不易被发现。所有程序员都会经历程序在运行时报错，错误也总是在你认为"我的程序绝对没有错"时出错。一旦报错，程序就停止运行了，这通常不是我们想要的结果。

测试调试包含如下子能力。

A. 发现程序存在的异常现象，有策略地定位问题并将其修复。

B. 复现问题出现的条件和过程，简化复杂的问题场景并将其修复。

C. 思考代码的潜在问题，设计并实施测试方案。

下面我们一起在探究活动中实践，以逐步掌握这 3 个子能力。

测试调试 A：发现程序存在的异常现象，有策略地定位问题并将其修复

这段代码的作用是求列表中数值的平均数。

```python
def calculate_average(numbers):
    total = sum(numbers)
    average = total / len(numbers)
    return average
```

复制代码

哪个函数调用会报错？先在头脑中验证一下，然后投票。最后亲自试一试，看与你所想是否一致，并思考原因。

- `calculate_average([])`
- `calculate_average([1, 2, 3])`
- `calculate_average([1.0])`
- `calculate_average([1, '2'])`
- `calculate_average(1)`

参与投票

在修复这个函数的问题之前，我先介绍两个测试调试小助手。当打开 IDLE 时，你可以直接在这里输入 Python 代码，快速验证你的想法。在这里验证还有一个好处，就是可以不用输入 print，直接自动得到结果，如下图所示。

```
IDLE Shell 3.11.2                              —   □   ×
File  Edit  Shell  Debug  Options  Window  Help
>>> a = []
>>> sum(a)  ←——  不用输入 print(sum(a))
    0              直接输入要 print 的代码即可
>>> a = [1, 2, 3]
>>> sum(a)
    6
>>>
                                          Ln: 9  Col: 0
```

第二个小助手是在代码中使用"抛出异常"命令 raise Exception('描述错误信息')。这个命令会产生和上一页中的报错信息相同的效果。它通常配合 if 命令一起使用：如果当前是特殊的非预期情况，那么抛出一个异常。

接下来由你来修复这个函数。第一，参数必须是列表类型，否则抛出异常；第二，空列表的平均值为 0 是合理的（就像 sum([]) 等于 0）；第三，如果列表中存在除了整数和小数外的其他任何数据类型，那么抛出异常。

```python
# 提示 1：if type(a) == type(1) 可以判断 a 是否为整数类型
  （因为 1 是整数类型）
# 提示 2：若没有思路，则在学习网站上获取提示
```

提交你的代码
学习其他人的想法

测试调试 B：复现问题出现的条件和过程，简化复杂的问题场景并将其修复

函数 multiply_list 的功能是将参数 lst（假设 lst 一定是存储整数的列表）中的元素都自乘 factor。

```
def multiply_list(lst, factor):
    for i in lst:
        i *= factor
my_lst = [10, 11, 12]
multiply_list(my_lst, 2)
print(my_lst)
```

复制代码

运行程序后发现输出和预期不一致。你能否删减上述代码，去除不必要的部分，使得简化后的代码足够简短且出现同样的问题？如果简化后的代码也能暴露相同的问题，则便于我们找到问题所在。

第一行代码 ＿＿＿＿＿＿＿＿＿＿

第二行代码 ＿＿＿＿＿＿＿＿＿＿

第三行代码 ＿＿＿＿＿＿＿＿＿＿

第四行代码 ＿＿＿＿＿＿＿＿＿＿　　←── 限定 4 行代码

提交你的代码
学习其他人的想法

围绕简化的代码插入 print 函数可以查看执行过程中数据变化的情况。考虑在第三行代码的上面和 / 或下面增加一个或多个 print，监控变量的变化情况。这样便于我们定位问题所在，进而分析错在哪里。

第一行代码
第二行代码

第三行代码

第四行代码

在这两行放置一些 print 函数
使得它足以说明问题所在
当然也可以不写代码

提交你的代码
学习其他人的想法

造成这个问题的原因是：当执行 i *= factor 时，变量 i 的标签孔位断开并连接到了一个新的对象上，所以列表中的元素不会有任何变化。

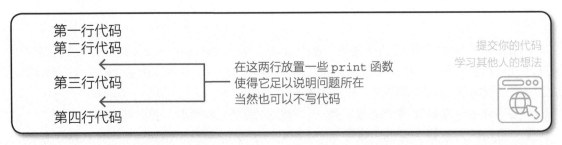

想要修改列表中的元素，需要对索引赋值，因为索引代表了列表中某个位置上的对象，对索引赋值相当于把该位置上的对象替换为其他对象。

用 range 遍历

在修复该问题之前，我先介绍一个常用函数——range。最简单的示例如下。

```
for i in range(1, 3):
    print(i)  # 依次输出 1、2
```

range 函数生成一个表示范围的对象，使用 list(range(...)) 将该对象转换为列表。在 IDLE 中尝试如下代码，自行观察并总结 range 中参数的含义。

```
list(range(10))
list(range(1, 10))
list(range(1, 10, 2))
```

复制代码

函数 range 返回的一组有规律的数字使得索引遍历列表更加方便，常见做法如下所示。

```
lst = [10, 11, 12]
for i in range(len(lst)):
    print(lst[i])
```

你能够使用 range 函数修复刚才的问题吗？

```
def multiply_list(lst, factor):    ← 如何修改这个函数呢？
    for i in lst:
        i *= factor
my_lst = [1, 2, 3]
multiply_list(my_lst, 2)
print(my_lst)
```

提交你的代码
学习其他人的想法

使用索引替换对象的过程如下图所示。

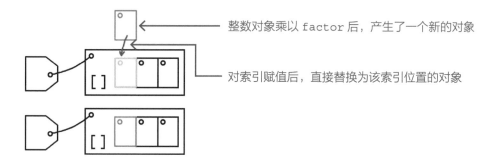

整数对象乘以 factor 后，产生了一个新的对象

对索引赋值后，直接替换为该索引位置的对象

测试调试 C：思考代码的潜在问题，设计并实施测试方案

编写代码的过程需要仔细和谨慎，并考虑各种例外情况，特别是在调用函数时。如果你定义了 find_max 函数，它的功能是返回列表中最大的数字，例如输入参数 [1, 2, 3]，返回 3。当调用 find_max 函数时，你认为有哪些特殊的参数值得被测试，来验证 find_max 函数的正确性？

至少找到 3 个特殊的参数和输出，来验证函数是正确的。

我先帮你找几个特殊参数：空列表（期待输出为抛出异常）、列表中的数

值全部相等、列表中存在负数。

提交你的想法
学习其他人的想法

1. 输入参数 _____   你期待的输出 _____

2. 输入参数 _____   你期待的输出 _____

3. 输入参数 _____   你期待的输出 _____

如果测试量比较大，则在实践中需要自动化测试。下面的代码展示了自动化测试的思想。

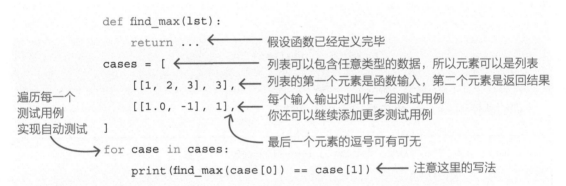

```
def find_max(lst):
    return ...          ← 假设函数已经定义完毕
cases = [               ← 列表可以包含任意类型的数据，所以元素可以是列表
    [[1, 2, 3], 3],     ← 列表的第一个元素是函数输入，第二个元素是返回结果
    [[1.0, -1], 1],     ← 每个输入输出对叫作一组测试用例
                          你还可以继续添加更多测试用例
    ]
                        ← 最后一个元素的逗号可有可无
for case in cases:
    print(find_max(case[0]) == case[1])    ← 注意这里的写法
```

遍历每一个
测试用例
实现自动测试

print 可以输出关系运算符的结果？在第一部分中，你将关系运算符（==、!= 等）和逻辑运算符（and、or、not）放在了 while、if、elif 中。实际上，1 == 2 的结果为 **False**，1 == 1 的结果为 **True**。它俩属于**布尔数据类型**。布尔数据类型只有两个值：表示真和成立的 True，表示假和不成立的 False。在 IDLE 中敲出如下代码，感受 True 和 False 的含义。

```
1 == 1
not True
10 % 2 == 0
len('666') == 3
```

```
uname = 'QWE'  # username, 用户名
pwd = '123'  # password, 密码
is_logged_in = False  # 已经登录了
吗？ False 则表示未登录
(uname == 'qwe' and pwd == '123')
or not is_logged_in
```

```
def is_even(n):  # 偶数
    return n % 2 == 0
if is_even(4):
    print(' 是偶数 ')
```

再介绍一个常用的 while True 小技巧。在第一部分中的项目 2 购物车清单的选择菜单中，我们可以使用 while True:，然后在 elif choice.strip() == 'q': 内直接 break 跳出 while 循环，从而无需 state 变量。

测试调试 C 的另一种场景：不易测试的潜在问题

有时我们知道代码存在潜在问题，可触发它的条件却不由我们掌控，这种情况下程序报错并终止执行并非我们期望的效果。与之相反，我们希望程序捕获错误并妥善处理，然后继续往下执行而非终止程序。你在"什么是测试调试"中所看到的 NameError、Key-Error、ZeroDivisionError、AttributeError、IndexError 都是 Python 主动抛出的"异常"，它们会终止程序运行。既然 Python 和你（还记得 raise 吧）都能抛出异常，它就能在抛出后被捕获和处理，避免了程序直接终止并结束。

```
print(' 执行某些代码 ')
print(' 下面的代码可能会出错，用 try..except.. 尝试捕获异常 ')
try:
    n = 1/0  ←——————————— try 中的代码可能会抛出异常
except Exception as e:  ←——— e 是变量，代表异常的对象
    print(e) ←——————————— 它可以被输出
print(' 继续往下执行，程序不会被打断 ')
```

如果 except 中的错误过于严重，以至于没有必要继续往下执行，那么可以使用 exit() 函数，它能直接终止当前程序。

try 常用于访问文件、数据库、网络等资源的情形，因为很难确保这些情形会一切顺利。以操作文件为例，常见的异常包括：目录不存在、目录无访问权限、计算机硬件设备突然损坏等。因此在操作文件时，通常都需要增加一层 try 来确保万无一失。

```
                    try:
如果 try 中的全部代码顺   {   with open('config.txt', 'r') as file: ←尝试读取
利执行，则跳过 except                                               配置文件
一旦捕获到任何异常           config = file.read()
则直接进入 except     except Exception as e: ←—— 读取文件出错，从这里开始执行
                        print(' 配置文件读取失败，已使用默认值。', e)
                        config = ' 设置为默认值 '
                    # 使用 config 继续执行代码 ←—— 至此，无论有无异常
                                                  都确保了 config 变量是一个字符串
```

在实践中 try 的使用频率非常高，特别是涉及资源访问的代码。所以你要亲手敲一遍代码，熟悉该知识。本书后面的内容也会多次使用。

思维 2：算法设计

知识永远学不完，你将在本书第二部分中学习 9 种编程思维，使用它们驾驭你已知的和未来无尽的编程知识。

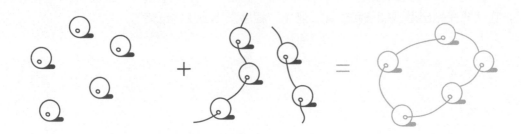

算法设计

A：识别重复模式并使用循环结构设计算法。
B：针对同一场景发散设计多种可行的算法。
C：评估算法的准确性、可读性、通用性、效率、稳健性、扩展性。
D：分析并设计复杂逻辑算法。

测试调试

抽象建模

系统设计

问题分解

问题定义

实验迭代

作品创造

作品分析

什么是算法设计

算法，就如同解决问题的"食谱"，详细且明确，引导我们一步步接近目标。算法具有几个关键特征。

- **输入**是算法启动的火花，比如知识问答的题目和答案、购物车商品数据、气象数据文件、烹饪方法数据。
- **输出**是算法的执行结果，比如知识问答的得分、购物车结算金额、气象数据检索结果、食谱烹饪方法。
- **明确的步骤**，就像清晰具体的食谱步骤，确保我们可以使用 Python 命令计算机按部就班地执行程序。
- **有限性**，意味着算法应在限定的时间内完成。目前为止我们编写的所有算法都具备这个特征。

算法设计是给出解决问题的步骤的方案。在设计算法的过程中，有很多需要注意的细节。

- 重复执行结构启示我们可以将重复行为压缩到 for 和 while 中，这将使得程序简洁清晰，但前提是你先识别出某个行为存在重复性。例如项目 2 购物车清单的展示购物车商品、结算购物车中的商品，它们都使用 for i in car 遍历每一个商品 i，并对 i 执行某些动作。如果不使用循环结构，展示和结算的算法难以开展。
- 为达成目标的算法不止一个，条条大路通罗马。这启示我们可以灵活地、一题多解地、发散创新地设计算法，从不同角度看待问题会得到不同的答案。
- 评估算法的角度众多：准确性、可读性、通用性、效率、稳健性、扩展性。**初学者应首先关注准确性和可读性**：准确性是评价算法的基本标准，错误的算法一无是处；可读性是确保人类可读，便于后续修改和维护；其他角度均建立在这两者之上。
- 面对复杂逻辑问题，首先要分析和理解其中各种条件和逻辑关系，然后寻找合适的算法构件，即分支结构、循环结构、关系运算符、逻辑运算符，并使用其来设计和处理这些复杂逻辑。

算法设计包含如下子能力。

A. 识别重复模式并使用循环结构设计算法。

B. 针对同一场景发散设计多种可行的算法。

C. 评估算法的准确性、可读性、通用性、效率、稳健性、扩展性。

D. 分析并设计复杂逻辑算法。

下面我们一起在探究活动中实践，逐步掌握这 4 个子能力。

算法设计 A：识别重复模式并使用循环结构设计算法

编程强大之处在于其重复执行的能力。只要逻辑存在重复，无论数据量多少都可以使用 while 和 for 来处理，但首先你需要判别问题是否具有重复性。以下问题哪些具有重复性？请思考后参与投票。

- 判断一个正数是奇数还是偶数
- 计算一个列表中各个整数平方的和
- 判断一个正数是否为素数（只能被 1 和自己整除的数称为素数或质数）
- 获取一个列表中的最大值或最小值

参与投票

请先思考并投票。接下来我依次解答。

- 判断奇数和偶数不具备重复性，因为只需要计算一下正数 n 能否被 2 整除即可（n % 2 == 0）。

- 计算列表中各个整数平方的和既具备重复性，也不具备重复性。假设列表固定只有 3 个元素，那么重复执行就太夸张了。但如果列表有众多元素且数量不确定，那么这个问题就具备重复性，使用 for 循环就非常合适。

- 判断素数问题具备重复性。素数没有简洁的公式，判断方法粗暴简单：对于数字 n(n ≥ 2) 依次除以 2、3、…、n-2、n-1，如果全都不能被整除则为素数。请你尝试设计算法。

```python
def is_prime(n):  # prime 是素数的意思
    pass  # 请你设计该算法
if is_prime(13):  # 自行测试调试确保算法的准确性，说明你的测试方案
    print('是素数')
```

提交你的代码
学习其他人的想法

- 获取列表中的最值具备重复性。计算方法是：首先认为第一个元素是最值，然后依次和第二个元素、第三个元素、…、最后一个元素进行比较，如果在此期间发现有任何一个元素大于（或小于）最值，则更新最值。请你尝试设计获取列表中最大值的算法。

```python
def max_number(lst):  # 寻找列表 lst 的最大值
    pass  # 请你设计该算法
print(max_number([3, 1, 2]))  # 自行测试调试确保算法的准确性
```

提交你的代码
学习其他人的想法

考虑到计算最值问题比较常见，Python 内置了 max 函数和 min 函数。它们的基本使用方法是参数为列表，如 max([3, 1, 2])。

算法设计 B：针对同一场景发散设计多种可行的算法

日期时间类问题是实践中的高频问题，例如计算两个日期之间的天数、确定一个日期是星期几、计算某天是该年第几天等。在尝试接下来的探究活动之前，你要先知道一个关键工具：Python 标准库中的 datetime 模块。但凡程序涉及日期时间的计算，基本都要使用 datetime 模块。输入以下代码，快速了解该模块。

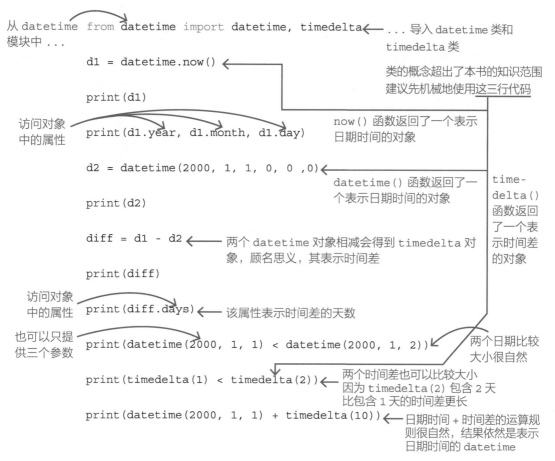

从 datetime 模块中 ...　from datetime import datetime, timedelta　... 导入 datetime 类和 timedelta 类

```
d1 = datetime.now()
```
类的概念超出了本书的知识范围，建议先机械地使用这三行代码

```
print(d1)
```

访问对象中的属性
```
print(d1.year, d1.month, d1.day)
```
now() 函数返回了一个表示日期时间的对象

```
d2 = datetime(2000, 1, 1, 0, 0 ,0)
```
datetime() 函数返回了一个表示日期时间的对象

time-delta() 函数返回了一个表示时间差的对象

```
print(d2)
```

```
diff = d1 - d2
```
两个 datetime 对象相减会得到 timedelta 对象，顾名思义，其表示时间差

```
print(diff)
```

访问对象中的属性
```
print(diff.days)
```
该属性表示时间差的天数

也可以只提供三个参数
```
print(datetime(2000, 1, 1) < datetime(2000, 1, 2))
```
两个日期比较大小很自然

```
print(timedelta(1) < timedelta(2))
```
两个时间差也可以比较大小因为 timedelta(2) 包含 2 天比包含 1 天的时间差更长

```
print(datetime(2000, 1, 1) + timedelta(10))
```
日期时间 + 时间差的运算规则很自然，结果依然是表示日期时间的 datetime

任何问题都不止一种算法设计方案。请你尝试使用 datetime 和 timedelta 设计两种不同的算法来计算某年月日到今天所差天数的函数。当然也可以仅使用 datetime.now() 获取当前日期，自行实现算法计算天数之差（高难度挑战，推荐学有余力的读者尝试，需参考项目 3 中基础知识训练营 3-1 第 1 题中的闰年判断公式）。

```
def days_from_date_to_today1(y, m, d):    y、m、n 分别代表
    pass                                   起点年、起点月、
                                           起点日
def days_from_date_to_today2(y, m, d):
    pass
```
提交你的代码学习其他人的想法

算法设计 C：评估算法的准确性、可读性、通用性、效率、稳健性、扩展性

- 算法的准确性和稳健性关乎算法正确与否。准确性是指算法得到期望输出，稳健性（或称为鲁棒性，音译自 robust）是指算法适应异常或意外输入等错误情形。通过测试调试即可确认算法的准确性和稳健性。

> max([]) 返回 0 是否合适？为什么？
> 尝试从准确性和稳健性的角度进行分析。
>
> 提交你的想法
> 学习其他人的想法

- 算法的可读性和效率分别关乎内部用户和外部用户的感受。内部用户是写代码的人和维护其他人代码的人，外部用户是运行代码的人，在设计算法时这两个用户是重合的。符合可读性的有效方法是反思当其他人在阅读自己的代码时，对方能否快速理解其中的含义。即便是你自己亲手写下的代码，在一个星期后也可能无法立刻回忆起它的含义。除了使用易懂的注释、清晰的变量名之外，还有一个常用的工具——跨行注释。它要解决的问题是 # 注释只能添加在单行末尾而不能跨行，这对多段落的注释信息而言不太便捷。

在讲解跨行注释之前，我们先了解一下字符串两侧的单双引号的区别。当字符串中没有单双引号时，单引号和双引号无差异，如 '123' 和 "123" 等价。现在假设字符串内有一个单引号，如 1'2，此时两侧使用单引号 '1'2' 存在歧义。Python 会很困惑：你想表达的是字符串 1'2，还是字符串 1（不排除 2' 是你家猫踩出来的代码）？这时应当写为 "1'2"。如果字符串内有双引号，此时两侧使用单引号。如果字符串内既有双引号也有单引号呢？此时使用 \' 和 \" 来表达引号，两侧单双引号均可，下面是一个案例。

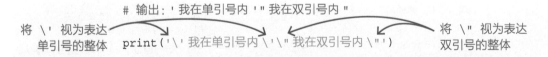

我们称 \' 和 \" 为转义符。另一个常用的转义符是 \n，它表示换行。自行尝试 print('1\n2') 的效果。如果要在字符串中包含 \ 这个特殊的符号，则使用 \\。自行尝试 print('1\\n2 的结果为 1\n2') 的效果。

字符串两侧除了一个引号外，还支持三个引号，它的好处是自动添加 \n，如下所示。

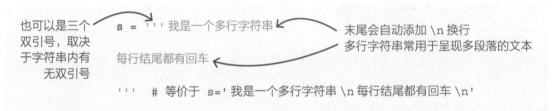

现在可以说说跨行注释了。本质上它就是多行字符串，如下所示。

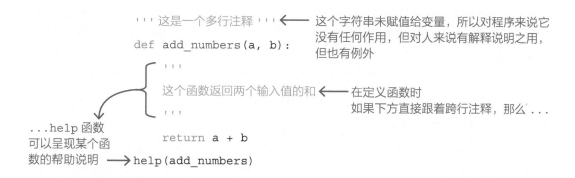

```
''' 这是一个多行注释 '''
def add_numbers(a, b):
    '''
    这个函数返回两个输入值的和
    '''
    return a + b
help(add_numbers)
```

这个字符串未赋值给变量,所以对程序来说它没有任何作用,但对人来说有解释说明之用,但也有例外

在定义函数时
如果下方直接跟着跨行注释,那么 ...

...help 函数可以呈现某个函数的帮助说明

标准库中的函数都有帮助信息,尝试使用 help(sum)、help(max) 查询这些函数的说明。

• 算法的效率和算法的运行时间有关,再准确和稳健的算法如果计算时间过长也没用。在实践中有一个常见的方法可以测算某段代码的运行时长,如下所示。

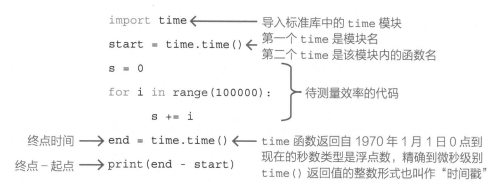

```
import time
start = time.time()
s = 0
for i in range(100000):
    s += i
end = time.time()
print(end - start)
```

导入标准库中的 time 模块
第一个 time 是模块名
第二个 time 是该模块内的函数名

待测量效率的代码

终点时间

终点 - 起点

time 函数返回自 1970 年 1 月 1 日 0 点到现在的秒数类型是浮点数,精确到微秒级别
time() 返回值的整数形式也叫作"时间戳"

除了"time 诊断法",还可以临时注释掉代码或设置假数据来诊断算法的效率瓶颈。

只要诊断出哪拖了整个程序的后腿,你就可以想办法优化它。举个例子,问题规模(数据的大小、多少)增加后,你刚才完成的 is_prime 函数可能就要亮红灯了:因为运行速度非常缓慢。例如运行 is_prime(32416190071) 极为耗时,而使用数学方法优化后算法效率将大幅增加。

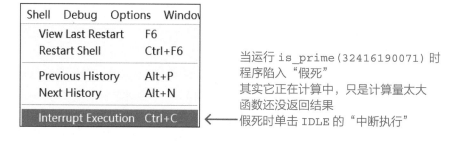

当运行 is_prime(32416190071) 时
程序陷入"假死"
其实它正在计算中,只是计算量太大
函数还没返回结果
假死时单击 IDLE 的"中断执行"

优化方法是:导入标准库 math 模块,修改 range(2, n-1) 的 n-1 为 int(math.sqrt(n))+1 或 math.isqrt(n)+1。math.sqrt 的功能是开平方,isqrt(n) 等价于 int(sqrt(n))。现在即使参数是 32416190071 也能快速完成判定了。

- 算法的扩展性和通用性关乎算法的灵活程度和复用能力。扩展性是指算法易于添加新的功能或适应新的需求，最理想的状态是小幅修改当前算法甚至不做修改，就能适应新的需求变化。

你认为项目 2 购物车清单程序的结算功能是否符合扩展性原则？为什么？
我们将在思维 3 中解决该问题。

提交你的想法
学习其他人的想法

通用性是指算法能否被应用到更多的问题和场景中。你之前接触到的函数参数也叫作位置参数。顾名思义，调用时传入的参数和函数定义的参数按顺序要逐个对应，要不然就发生混乱了。位置参数有助于提升算法的通用性吗？

```
def my_max(lst):
    return max(lst)  ← 暂时借用内置的 max 函数
n = my_max([1, 3, 2])              当然你也可以自己实现
```

假设函数 my_max 已被大量调用。这时你想让它变得更方便：如果 lst 为空，则返回调用者指定的值。如果你添加了一个新的位置参数，算法的通用性好像增强了（适用了新场景），但所有调用 my_max 都要被迫修改，实际上对现有的使用场景是巨大的破坏。

```
def my_max(lst, default):  ← 新增位置参数 default，表示默认值
    if len(lst) == 0:
        return default        算法适应了一种新的场景，但是代价是 ...
    return max(lst)
n = my_max([1, 3, 2], 10)  ← ... 所有调用 my_max 的地方，都要增加一个默认值
                              如果函数已经被调用了 1000 次，这将是无法接受的改动！
```

默认参数可以完美解决这个问题，它为参数提供了默认值，如果你不设置，则使用默认值。

```
def my_max(lst, default=None): ... ←参数名称之后增加了 =None
n = my_max([1, 3, 2]) ←────────── 如果未传入 default，则使用默认值 None
n = my_max([1, 3, 2], default=10)← 如果传入了 default，则函数内 default 为 10
```

None 是特殊的对象，它表示没有值或者值为空，常见于默认参数的默认值。如此一来，已有的 my_max 代码不会受到任何影响，而新的 my_max 代码受益新的通用性。默认参数是向下兼容的绝佳手段之一。

其实内置的 max 函数已经实现了 default 默认参数，而且其参数设计远比我们的 my_max 复杂，通用性更强。除了 max([1, 2, 3]) 这种参数形式，还有如下调用方法。

max(1, 2, 3) max('123') max(lst, default=0) max(['one', 'two', 'three'], key=len)

前两个调用的结果请你自行分析。第三个调用方法是指当 lst 为空列表时，默认返回 0。第四个调用方法的含义是：对列表中的各个元素依次应用 len 函数（结果为 [len('one'), len('two'), len('three')]，即 [3, 3, 5]），然后返回其中最大值对应的元素 three。换言之，该调用返回了列表中长度最大的字符串。

算法设计 D：分析并设计复杂逻辑算法

说到最经典的复杂逻辑算法，排序算法无出其右，任何一本专业算法书都会详解排序的 N 种算法。Python 已内置排序算法 sorted，直接使用即可。

```
lst = sorted([4, 2, 1, 3])  # 顺序排序，有返回值
lst = sorted([4, 2, 1, 3], reverse=True)  # 逆序排序，reverse 的默认值为 False
```

列表数据类型有一个名为 sort 的方法，所以你还可以直接在列表上使用 sort。

```
lst = [3, 1, 2]
lst.sort()  # 原地排序，没有返回值
```

调用 sorted/sort 时常添加 key 参数，类似上一页的 max(..., key=...)。我们将在思维 3 中进行介绍。最后尝试设计三个复杂算法吧！

第一个算法是水仙花数。请问 100 到 999 中，有哪些数字（如 153）满足其每位数字的 3 次幂之和（$1^3+5^3+3^3$）恰好等于其本身？

> 算法设计的难点在于怎么把数字的各个位拆分出来。
> 回忆项目 1 中基础知识训练营 1 第 4 题，
> 或使用字符串索引和类型转换。

第二个算法是打印九九乘法表。提示：print 函数的默认参数 end 表示 print 最后一个字符，默认是换行符 \n。如果修改为 print(..., end='')，它在输出 ... 后就不会换行了。当然你也可以更换 end 为其他字符串。

> 算法设计的难点在于怎么控制两个数字分别从 1 到 9，以及控制输出的格式。
> 参考格式：
> 1 × 1 = 1
> 1 × 2 = 2   2 × 2 = 4
> ⋮   ⋮   ⋱
> 1 × 9 = 9   ⋯   9 × 9 = 81

第三个算法是完全数。请问 2 到 10000 中，有哪些数字的所有真因子（即除了其本身以外的因子）之和恰好等于其本身？例如，6 的真因子包括 1、2、3，完全数 6=1+2+3；28 的真因子包括 1、2、4、7、14，完全数 28=1+2+4+7+14。计算 2 到 10000 之间的完全数。

> 算法设计的难点是在两个循环内运用列表和分支结构。
> 这种算法设计的模式在实践中很常见，一定要掌握哦！
> 如果你能再关注算法效率就更好了！我期待你的程序在 1 秒内完成计算。

思维 3：抽象建模

知识永远学不完，你将在本书第二部分中学习 9 种编程思维，使用它们驾驭你已知的和未来无尽的编程知识。

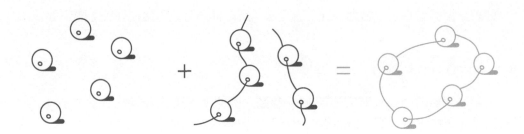

抽象建模

A：从相似的过程中提取特征并封装为函数，对差异部分进行参数化，形成可复用的模块。

B：设计合理的数据结构存储数据，并对数据进行操作。

测试调试

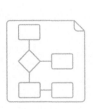

算法设计

系统设计

问题分解

问题定义

实验迭代

作品创造

作品分析

什么是抽象建模

　　为什么 Python 提供了众多标准库和内置函数？你也许会认为诸如 math 模块、max 函数、datetime 模块及其运算可以让 Python 使用者快速直观地表达设计思路，加快程序开发速度。大体如此，但还不够深刻，因为这仅仅是使用者视角。如果切换到设计者视角，回答就有所不同了。

　　模块化是科技发展与进化的规律之一，正如计算机硬件中有显卡、内存、CPU 等模块，计算机软件也是如此。我们作为软件设计者希望提供可靠的程序，因此一方面是模块的使用者，另一方面也是模块的设计者。模块化降低了维护成本和认识理解复杂现象的认知成本，它的核心思维能力就是抽象——在软件设计领域中，关键是找到过程和数据的共性。谚语"不要重复造轮子"就是指管理共性，提升复用能力，模块化地设计程序。

　　回忆一下项目 1 知识问答。每个问答题的问题和答案显然是一个整体，即在数据层面上有结构的共性，然而它们却没有被整合在一起，而是分散在各自的 if 分支结构中。反观项目 3 中的 weather_data，字典中的每个元素都统一整合了城市、日期、最高 / 最低温度，使得数据集呈现出有序的结构。计算机科学中有一门名为数据结构的学科，其核心概念就是抽象出最基础的数据结构及其相关运算和操作。字符串、列表、字典都描绘了数据的结构，而它们的排列组合也一定能更准确地刻画出真实世界的结构。

　　回忆一下项目 4 食谱生成器。为什么要设计那么多函数？通过观察随机食谱的特征，我们发现所有的不同的食谱文本都有相同的结构，这从侧面说明程序运行的过程存在共性。将共性抽象为随机烹饪方法、随机食材、随机调料后，看似杂乱的随机字符串在函数的组织下井然有序，降低了未来要修改随机食谱程序的理解成本、维护成本。函数更重要的作用是封装了成熟稳定的功能，人们更愿意直接调用 sort 而不是手工实现排序算法。

　　对数据结构的抽象和流程过程的抽象的结果就是模型，所以抽象建模能力的最终产出就是数据模型或过程模型，在 Python 体现为数据类型的组合结构和函数的设计，这两者常常同时存在：方便的数据结构利于过程的抽象。只有学习抽象建模的设计思想并加以练习，才能做到对基础知识的活学活用。

　　抽象建模包含如下子能力。

　　A. 从相似的过程中提取特征并封装为函数，对差异部分进行参数化，形成可复用的模块。

　　B. 设计合理的数据结构存储数据，并对数据进行操作。

　　下面我们一起在探究活动中实践，逐步掌握这两个子能力。

抽象建模 A：从相似的过程中提取特征并封装为函数，对差异部分进行参数化，形成可复用的模块

手工批量重命名文件费时费力，通过编程可以把这一过程自动化。批量修改的规则五花八门，但一定存在某些相同的特征。我们把相同的特征封装为函数，把不同之处设置为函数参数，最终使得函数更加通用。为了实现该函数，我们先从最简单、最基础、可运行的代码开始，之后再逐步抽象提取共性。在学习网站中下载"files.zip"并解压缩，其中的 files 目录包含了许多文本文件（扩展名为 txt）和图像文件（扩展名为 png）。强烈建议将代码文件和 files 目录置于同层目录，以方便在代码中使用相对路径。

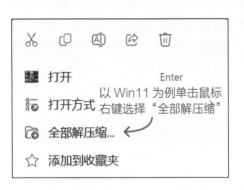

以 Win11 为例单击鼠标右键选择"全部解压缩"

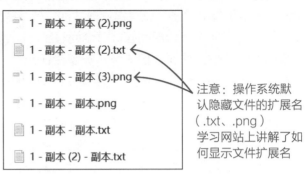

注意：操作系统默认隐藏文件的扩展名（.txt、.png）学习网站上讲解了如何显示文件扩展名

我们先学习 Python 重命名文件的知识。

- 重命名时不要忘记文件后缀名，它是文件名的一部分。

字符串内包含路径时，要么是转义符 \\，要么是 /

- 标准库的 os 模块支持操作文件，例如 os.listdir('./files') 返回 files 目录内的文件名和目录名。"./"是相对路径，符号点表示当前目录。因为代码文件和 files 在同层目录，因而无须写绝对路径（如 D:/xx/xx/files）。

- os.rename(old, new) 将 old 文件名重命名为 new 文件名，例如 os.rename('./files/1.txt', './files/2.txt') 将 files 目录中的 1.txt 重命名为 2.txt。

- 如果调用 rename 函数时新文件名 new 已经存在 files 目录中，则无法进行重命名，rename 函数将抛出异常，因为同一个文件夹内无法存在两个相同的文件名。此时考虑先使用 os.path.exists(new) 检查文件名 new 是否存在，再调用 rename 函数重命名。

好了，根据上述提示，请你实现批量重命名文件的程序：将 files 目录内的文件按照从 1、2、3、…的顺序重命名。如果重命名时新的文件名已经存在于 files 目录内，则跳过它。

尝试实现该算法。注意：不要使用函数，先实现出最基础的可运行代码。

参考代码就在下一页。请务必确保自己主动思考并实践。

直接看答案是低效甚至无效的学习行为。

提交你的代码
学习其他人的想法

```
1  import os
2  filenames = os.listdir('./files')     ← 获得 files 目录内的全部文件和目录
3  i = 1 ← 用于构造新的文件名                因为其中不存在目录，所以 ...
4  for filename in filenames:     ← 遍历 files 内文件名
5      old_name = f'./files/{filename}'                    ... 这里才可以直
6      new_name = f'./files/{i}.{filename.split(".")[-1]}'  接 split(".")
7      i += 1                                使用 f 字符串构造新的文件名
8      if not os.path.exists(new_name):     新文件名不存在，才可以重命名
9          os.rename(old_name, new_name)    否则文件名冲突
```

或许你的程序与我的差异很大。没有关系，因为下面的内容可能也适用于你。请你思考一个问题：如果这段程序还要给其他人使用，你认为有什么困扰或不便？例如，⃝ 代码行的 "./files" 颇为不便，因为不是所有人都要重命名这个目录内的文件。假如其他人使用这段程序，他必须要依次修改三个地方。哎，真麻烦。

◖◗◖ 分别会带来什么困扰或不便？   提交你的想法
                                                              学习其他人的想法

能否将这些困扰或不便提炼为通用的策略或模式呢？问题不大。编程思维的本质之一是抽象，它让我们以不变应万变。下面依次处理这四个困扰或不便，将它们抽象提炼为策略或模式。

⃝ 第一个不便显而易见：不是所有目录都叫 "./files"。抽象方法很简单：提炼为函数的参数。

自行设计函数。函数名为 rename_files，参数名为 folder_path。   提交你的代码
                                                            学习其他人的想法

◖ 第二个不便是重命名的规则：不是所有人都希望按照从 1 到 n 的方式重命名，他们可能会在旧的文件名前面单独加一个日期，或是干脆全部设置成随机字符串。你可能要问了：我不可能知道其他人的重命名规则，它无法预测且完全个性化，函数内部更不可能列举出全部的重命名规则！这可能解决吗？答案是肯定的。虽然我们不能预见其他人的规则，但是规则可以被抽象提炼。

你认为不同的重命名规则，有什么相同点？
尝试从函数的特点切入分析：函数有输入（参数），有输出（返回值）。   提交你的想法
不同的命名规则在输入输出上有何相似之处？   学习其他人的想法
参考答案就在下一页。请务必仔细思考，也可以看看其他人的想法。
这个问题在编程世界非常关键且重要，深思它能极大提升你编程的抽象能力。

答案是：所有的命名规则都要输入一个旧的文件名，输出一个新的文件名。我们将代码行进行如下改造。

```
def rename_files(folder_path):
    filenames = os.listdir(folder_path)
    i = 1          ← 删除你的个性化命名规则
    for filename in filenames:
        old_name = f'{folder_path}/{filename}'
        new_name = f'{folder_path}/' + rename_rule(filename)
        # 删除 {i}.{filename.split(".")[-1]}
        i += 1     ← 删除你的个性化命名规则
        if not os.path.exists(new_name):
            os.rename(old_name, new_name)
i = 0   ← 注意，i 赋值于函数之外
def rename_rule(old_name):  ←
    global i  ←
    
    i += 1
    return f'{i}.{old_name.split(".")[-1]}'  ←
rename_files('./files')
```

- rename_rule 是一个函数它输入一个旧文件名，输出新文件名 至于它是如何实现的，rename_files 函数并不关心

- rename_files 并不知道 rename_rule 想干什么 它只知道一件事情：给它传入当前文件名filename，它返回一个新文件名

- 第一部分中项目 4 讲过，函数参数和函数内部建立的变量，都属于临时的变量 一旦函数 return，这些变量就全部消失了 所以这里不能写成 i = 0，否则会导致每次调用函数时，函数内部的变量 i 都赋值为 0，所以这里要在函数外建立一个变量 i 然后在函数内部使用命令 global，告知函数：i 位于函数外，它是全局（global）变量

- 每次字符串中的 i 都能正确计数并返回

为了实现这个抽象，我们新增了这么多代码！确实如此。在实践中，只要引入抽象，代码必然增加，所以要谨慎权衡设计是否合适，避免引入不必要的抽象。我认为重命名文件的核心策略就是重命名规则，所以抽象它再合适不过了，付出代价（新增代码的时间成本和阅读代码的理解成本）是值得的。接下来请你扩展抽象带来的灵活性。

> 替换 rename_rule 中的内容，分别实现下面两个功能，并自行测试调试确保算法准确性。
> 1. 在旧文件名前面添加今天的日期（年月日），如 2024_1_1_ 旧文件名 .txt。   提交你的代码 学习其他人的想法
> 2. 将旧文件名重命名为长度为 32 的字符串，每个字符都是随机值（如随机字母和数字），这样几乎避免了文件名重复。
> 提示 1：如果 files 文件夹已经测试完毕，可以删除它再重新解压缩，获取旧的 files。
> 提示 2：已经完成的函数先注释或修改函数名，以备后用。

这两个函数就像可以随时替换的插件：我们把关注点从重命名函数内部的细节转移到了命名规则，细节被隐藏了！这是非常重要的视角。科技发展和关注点的转变（或者说交互界面和交互方式的转变）息息相关：驾驶员开车时不需要关注汽车机械结构等细节，而关注方向盘和仪表盘的交互；打车软件不关注驾驶员操作方向盘等细节，而关注车辆行驶状态（如速度和方向）和数据收集工具的交互；数据分析人员不关注车辆行驶状态等细节，而关注最终的行驶数据和分析图表的交互。抽象让不同部门把精力放在自己关注的事情上，从而优化交互方式，增强人类对技术的操纵能力。

回到正题。为了保留暂时不用的规则函数，可能要区分函数名，我的代码中就有三个规则函数：rename_rule、rename_rule1、rename_rule2。此外，rename_files 函数并未对外告知它需要 rename_rule，我们不可能逢人就说调用之前记得先实现 rename_rule 函数吧？况且一个人可能也有多个应用在不同场景的规则函数。当前的做法颇为不便，还好解决方案倒是简洁。函数有封装之用，也就是说，函数尽量不使用外部信息（global 是例外，理论上应减少使用，具体问题具体分析，有时它甚至是必需的），应仅依靠自己的参数获取外部信息，降低外部依赖。

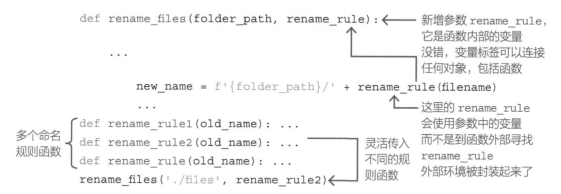

终于完成了第二个 ⬤ 的抽象！ ⬤ 第三个不便是文件名筛选：不是所有人都希望重命名全部文件，他们可能只想重命名文本文件 / 图像文件，或者文件名中包含特定字符的文件。这个问题和 ⬤ 大同小异。请你自行分析，实现函数并测试调试。

> 参数名可以使用 filter_rule。
> 请你思考 filter_rule 是否应当设计为默认参数，参考下面 ⬤ 的参数写法。
> 参考答案在下一页。

提交你的代码
学习其他人的想法

⬤ 第四个不便是错误处理方法：不是所有人都有相同的错误处理方法，他们可能直接使用 print 输出，或者输出到日志文件中，或者发送邮件。具体如何处理错误，就交给函数调用者决定吧。

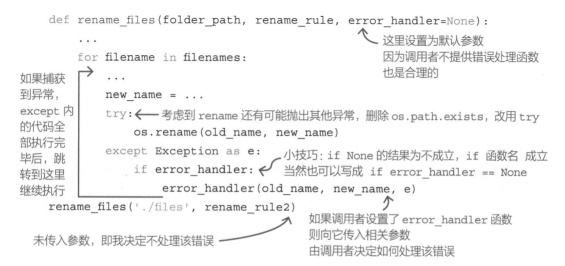

的参考答案如下所示。

```python
def rename_files(folder_path, rename_rule, filter_rule=None):
    ...
    for filename in filenames:
        if filter_rule and not filter_rule(filename):
            continue
        old_name = ...
        ...
def filter_rule(filename):
    return filename.endswith('.txt')  # 旧的写法为 filename.split(".")[-1] == 'txt'
rename_files('./files', rename_rule2, filter_rule=filter_rule)
```

> 这里设置为默认参数
> 如果调用者不提供筛选规则
> 默认就是全部文件

> 如果 filter_rule 为 None，则 if 不成立，继续往下执行
> 如果 filter_rule 已经设置，并且 not filter_rule() 成立
> 则说明 filename 未能通过筛选规则
> 因此忽略该 filename，继续执行下一个 filename

> endswith(s) 判断字符串末尾字符串是否为 s，返回布尔值

四个策略都抽象出来了。再看 rename_files 函数，除了还无法判定 filename 是文件还是目录，它已经非常通用了，可以指定特定目录、命名规则、筛选方法、错误处理函数。虽然每个人都有自己的重命名策略，但是 rename_files 函数基本就"封闭"了，不会因为需求的变动再做修改（除非要增加新的抽象）。这体现了深刻的软件设计思想，感兴趣可以搜索"OCP 原则"。最后还有一个遗留问题：尝试判断循环变量 filename 是文件还是目录。将该信息传入 filter_rule 和 rename_rule 有助于调用者设计更加个性化的重命名策略，代码如下所示。

```python
def filter_rule(filename, isfile):              def rename_rule(old_name, isfile):
    if isfile: return filename.endswith('.png')     if isfile: ...
    else: return False                              else: ...
```

> 筛选出图像文件
> 目录不参与重命名
> 文件的重命名规则
> 目录的重命名规则

请你根据示例代码的提示，尝试优化 rename_files 函数。

判断路径是否为文件可以使用 os.path.isfile。
若 C 盘下有 1.txt，则 os.path.isfile('C:/1.txt') 返回 True。

提交你的代码
学习其他人的想法

你在探究活动中游玩得顺利吗？或许还有些生疏和混乱，不过没有关系，初次接触这种思维方法可能会不习惯，建议合上书再独立练习一次抽象建模 A。假设我直接呈现完整代码，聪明的你一定可以琢磨明白所有代码的含义，但此刻你也失去了发现答案的机会，而这对于初学者来说是最宝贵的财富。直接阅读最终代码并不利于新手察觉代码设计者的思想，只有熟手才能用直觉立刻捕获到设计者的权衡。

思维 2 引入了一种函数调用方法：max(lst, key=len)。显然 max 函数内部使用了 key 函数。sorted 函数的 key 也是同理：sorted(['uv','z','abc'], key=len) 是按照字符串长度进行顺序排序，结果为 ['z', 'uv', 'abc']。如果没有 key 参数，则按照字符串的比较规则进行排序（参考项目 3），结果为 ['abc', 'uv', 'z']。

抽象建模 B：设计合理的数据结构存储数据，并对数据进行操作

抽象建模 A 聚焦过程的抽象，抽象建模 B 聚焦数据的抽象。第一部分中的项目 3 是典型的数据抽象：将城市、日期、最高 / 最低温度四个数据打包到字典中，再用列表打包一大堆字典形成数据集。好的数据结构能简化程序设计，因此致力于设计良好的数据结构也是软件设计的目标之一。数据的结构是如何被设计出来的呢？

· 寻找实体。可以将"实体"简单理解为现实世界中的事物：例如一本书、一个人、一辆车、一座城市。

· 设计"大实体"和"小实体"的关系。书店是大实体，一本书是小实体，书店包含许多书；学校包含许多班级，班级包含许多学生；车库包含许多车；国家包含许多城市，城市包含许多区域。

· 设计实体的特征和属性。例如书有书名、价格、出版社；人有姓名、性别、年龄；车有车牌号、品牌型号；城市有地名、面积、人口。

我们用第一部分中的项目 2 购物车清单来练手。我认为这个程序有两个最大的实体：我的购物车和卖家库存。

购物车内包含小实体商品名称。商品名称是字符串而已，已经足够"小"了，所以没有必要再细分。卖家库存中包含实体商品。商品实体包含如下属性：商品名称、价格、库存（回看项目 3 中基础知识训练营 3-2 第 11 题和第 12 题）。这些属性都是最基础的数据类型，所以没有必要再细分。

这些实体和属性已经足够描述买卖行为了，不要抽象出压根不使用的实体和属性。把数据模型转换成 Python 代码简直易如反掌，都是你学习过的知识。

```python
car = []    # 我的购物车，列表元素是商品名称，类型为字符串
seller = [  # 卖家库存，列表元素是商品，类型为字典
    {'商品名称': '苹果', '价格': 5.0, '库存': 100},
    {'商品名称': '橘子', '价格': 8.0, '库存': 100},
    {'商品名称': '香蕉', '价格': 6.0, '库存': 0},  ← 用库存为 0 表达缺货
]                                        这种方式比项目 2 更自然和合理
```

数据结构要和算法结合起来才有意义。在学习网站下载预置文件，尝试使用代码依次描述如下行为的算法。

提交你的代码
学习其他人的想法

1. 浏览可购买的商品，并呈现单价和剩余数量。
2. 将商品 product 加入购物车（注意不能购买商家没有的商品；关注库存）。
3. 购物车结算（参见项目 3 中基础知识训练营 3-2 第 12 题）。
4. 商家进货，将数量 number 的商品 product（单价 price）存储于仓库。
5. 虽然商品有货，但是商家决定临时下架商品（无法加入购物车）。

如果结算功能写得好，它就能"封闭"变化点：库存量的变化不会影响结算代码。相较于项目 2 的结算算法简直优雅太多了。这就是之前提到的：合理的数据结构利于过程的抽象。

数据模型的结构设计要反映实际情况。假设真实情况有了如下变化，你要如何优化数据结构呢？

提交你的代码
学习其他人的想法

1. 无论线上线下购物，一个潜在的需求是：购物车中包含不同商家的商品，每个商家至少有店铺名称的属性。如何重新构建数据结构？
2. 保留购买历史记录合情合理。如何重构数据结构来保存购物记录？
提示：可以填充一些不存在的购物记录用于测试。

刚才我带你创建了 seller 和 car 数据结构。接下来由你根据实际情况描述客观世界的数据结构。

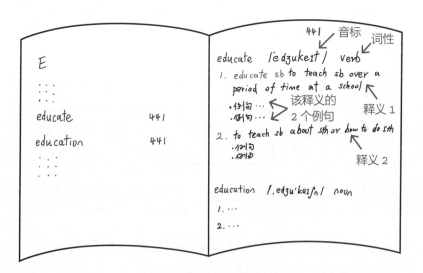

提交你的代码
学习其他人的想法

这是一本英文词典。左侧是索引表，其中呈现了 E 开头的部分单词。
右侧是 educate 的词汇解释，包括音标、词性、多个释义，每个释义还有几个例句。
如何描述词典数据的结构呢？
提示：所有字符串都用 '...' 临时替代，优先关注数据的结构而非内容。

第二个场景是评论区。很多软件都支持评论、回复、点赞。下面呈现的界面样式非常好看，还涉及心理学（呈现某用户是否为会员），归根到底，它的背后正是结构化的数据。试试设计数据结构以描述下图评论区。

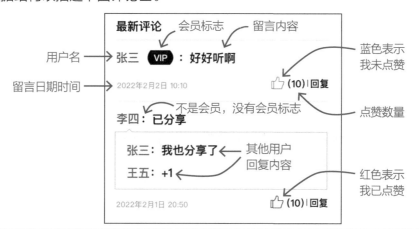

> 审视数据建模合理性的技巧：反思它能否应对未来某些合理的需求或操作。
> 例如：你设计的数据结构便于注册新用户吗？便于取消我的点赞吗？

提交你的代码
学习其他人的想法

上面三个数据结构已暗含属性唯一性假设。什么是属性唯一性？<u>商品名称</u>唯一地标记了一个商品实体，<u>单词本身</u>唯一地标记了一个单词实体，<u>店铺名称</u>唯一地标记了一个商家实体，<u>用户名</u>唯一地标记了一个用户实体。属性唯一性假设是指不同实体的<u>唯一性属性</u>绝不会重复。例如，若假设商品名称唯一，则如下两个 seller 非法。

```
seller = [{'商品名称': '苹果','价格': 5.0}, {'商品名称': '苹果','价格': 6.0},]
seller1 = [{'商品名称': '苹果','价格': 5.0}]; seller2 = [{'商品名称': '苹果',
    '价格': 6.0}]; seller = [seller1, seller2]
```

代码本身没有语法错误，但假设不成立。你无法解释 car=['苹果'] 对应哪个商品实体。如果你发现假设不成立或实体没有唯一性的属性，则考虑设计编码规则（如身份证号）或生成随机字符串。后者已有成熟工具：标准库中 uuid 模块的 uuid4() 函数。它与身份证号、银行卡号、学号、手机号等属性暗示了实体的唯一性同理。

```
import uuid                          函数返回 32 个字母 + 数字的随机组合，可无视两个 uuid 相等的概率
print(str(uuid.uuid4()))    # 输出 eed7fc38-c838-4cd2-8003-494d02197267
```

在设置实体时，习惯上增加 id 属性（id 是 identifier 的缩写，即唯一的标识）即可确保唯一性假设成立。如此一来，car 列表中就要包含 id 而非商品名称。这一技巧将会在第三部分中运用。

```
id1 = str(uuid.uuid4()); id2 = str(uuid.uuid4())
seller = [{'id': id1, '商品名称': '苹果', '价格': 5.0}, {'id': id2, '商品名称':
    '苹果', '价格': 6.0}, ]
car = [id1, id1, id2]  ← 现在你知道购物车中的元素分别对应哪个苹果了吗？
```

思维 4：系统设计

知识永远学不完，你将在本书第二部分中学习 9 种编程思维，使用它们驾驭你已知的和未来无尽的编程知识。

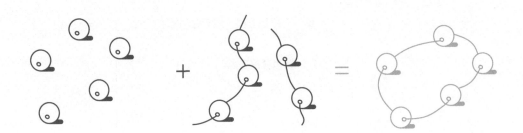

系统设计

A：设计原型呈现系统功能，测试系统的易用性和交互性。
B：分析或描述系统的状态变化过程，合理设置状态变量。
C：模块化设计提高系统内聚程度，层次化设计降低系统耦合程度。

测试调试

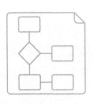

算法设计

抽象建模

问题分解

问题定义

实验迭代

作品创造

作品分析

什么是系统设计

　　系统设计是一种系统性地思考和解决问题的方法，它让我们把复杂的问题分解为易于管理的部分，然后再将这些部分有机地整合在一起，形成一个有序、协调、高效运行的系统。

　　想象一下：你正捧着崭新的智能手机，下载了一款刚上线的 APP，充满好奇地点开它。从那一刻起，你仿佛走进了另一个世界。流畅的交互设计，各种功能清晰可见，每一次轻点屏幕都带来新的惊喜，每一次滑动都让你沉浸其中。你是否被某款 APP 的设计吸引过，感觉无论你想要什么，它都能一眼看到，仿佛读懂了你的心？这其实是因为在这款 APP 的设计之初，设计者就已经把你的需求可视化了，将最重要、最常用的功能放在了最显眼的位置。这就是设计原型呈现系统功能的重要性。它能让我们在最开始就确定系统的呈现效果和样式，尽早确定是否满足用户的需求，确认用户在使用过程中感到舒适和满足。

　　你是否在使用某款 APP 时，注意过它似乎"记住"了你的行为，并据此调整界面或提供服务？比如，在音乐 APP 中，当你选择了"流行"这个频道，下次打开 APP 时，"流行"音乐就会自动为你播放。或者在游戏 APP 中，你的角色可以保留上次退出游戏时的状态。在编程中，我们通过分析或描述系统的状态变化过程，合理设置状态变量来记录和反映系统的变化，使得程序能对用户行为做出恰当合理的响应。

　　编写代码就像设计搭建积木。想象一下：你手里有一堆乐高积木，你的任务是搭建出一座城堡。你会先拼搭出基本的模块，如客厅、厨房、卧室、城墙、屋顶等，这就是模块化设计。相当于在编程中分离不同的功能模块，让每个模块都专注于完成特定的任务。接下来，你会根据城堡的设计蓝图，根据模块之间的长宽高和功能关联，把模块组装起来，比如先组装城墙和城外饰品，然后组装客厅和卧室，最后组装屋顶和塔楼，这就是层次化设计。相当于在编程中把各个功能模块按照逻辑和依赖关系进行排序和组织，形成一个层次结构。层次化使得我们能够清晰地理解各个模块间的关系，同时也让系统易于扩展和维护，因为每个模块都在自己的层次中，各司其职，互不干扰。

　　系统设计包含如下子能力。

　　A. 设计原型呈现系统功能，测试系统的易用性和交互性。

　　B. 分析或描述系统的状态变化过程，合理设置状态变量。

　　C. 模块化设计提高系统内聚程度，层次化设计降低系统耦合程度。

　　下面我们一起在探究活动中实践，逐步掌握这 3 个子能力。

系统设计 A：设计原型呈现系统功能，测试系统的易用性和交互性

当我们尝试创建一个新的程序时，你会先构思出它应该具有哪些功能，特别是它的外观应该是什么样的，用户应该如何与它进行交互。在这个阶段，你可能会画出一些草图，这就是所谓的"原型"。就像建筑师在构造一座大楼前会先画出蓝图，原型就是我们设计程序的蓝图。因为你还没有学习 GUI（图形化用户界面，包括窗口、按钮、文本框、复选框等），所以本书使用最为简单的方式——print 和 input。没错，这正是你一直在使用的方式。

input 和 print 虽不如 GUI 方便，但它作为一种交互方式仍要符合人性，毕竟是人和系统打交道。最常见的"人性指标"是易用性和交互性。**易用性**是指用户完成任务时的效率、效果、满意度；**交互性**是指系统对用户需求和反馈做出及时、正确的响应。它们关乎系统与用户之间的沟通是否流畅、直观。如果你对交互设计感兴趣，可以尝试自行搜索"尼尔森交互设计十原则"。

接下来我将呈现一个包含了 4 个界面的原型设计方案，请你找出其在易用性和交互性上做得好的地方，以及其潜在的改进之处。核心是问自己一个问题：如何改进才能便于我或者其他人使用呢？

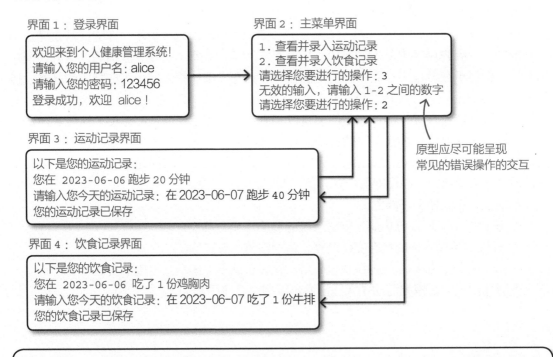

界面 1：登录界面

```
欢迎来到个人健康管理系统！
请输入您的用户名：alice
请输入您的密码：123456
登录成功，欢迎 alice！
```

界面 2：主菜单界面

```
1. 查看并录入运动记录
2. 查看并录入饮食记录
请选择您要进行的操作：3
无效的输入，请输入 1-2 之间的数字
请选择您要进行的操作：2
```

原型应尽可能呈现
常见的错误操作的交互

界面 3：运动记录界面

```
以下是您的运动记录：
您在 2023-06-06 跑步 20 分钟
请输入您今天的运动记录：在 2023-06-07 跑步 40 分钟
您的运动记录已保存
```

界面 4：饮食记录界面

```
以下是您的饮食记录：
您在 2023-06-06 吃了 1 份鸡胸肉
请输入您今天的饮食记录：在 2023-06-07 吃了 1 份牛排
您的饮食记录已保存
```

> 我先找两个。易用性：界面 2 待改进，我可能只想查看，不想录入。交互性：界面 1 直接显示密码有点不太合适，可以改为星号。此外，界面 1 没有呈现出如果用户名和密码错误时会呈现何种交互。
>
> 把你能找到的优点和待改进之处都写下来，在学习网站中重新绘制原型设计图。
>
> 上传你的原型图给其他人灵感，也要接受其他人合理的批判意见。
>
> 注意：原型应尽可能呈现常见错误操作的交互。

提交你的原型
学习其他人的原型

系统设计 B：分析或描述系统的状态变化过程，合理设置状态变量

思维 3 抽象建模讲解了实体化的概念和方法。从这个视角观察世界时，便会发现任何实体都有状态。实体有什么状态，它才能执行什么操作，执行操作后实体的状态可能会发生改变。听着有点抽象？来看看直观的案例。

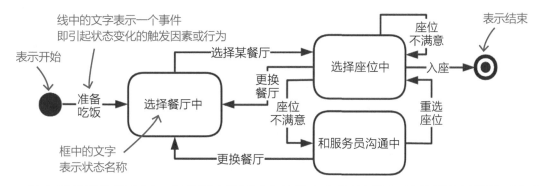

这个工具叫作状态图，它很好地管理了实体状态变化的过程。选餐厅的过程似乎和程序无关，让我们来看看两个更加真实的案例。首先是自动贩卖机。自动贩卖机作为实体，它的操作（及其状态）流程大致为：选择商品（状态：选择商品中）→确认并结算付费（状态：付费中）→付费成功（状态：已付费）→出货（状态：出货中）→交易结束（状态：交易成功）。这只是理想操作流程，实际上还会涉及自检初始化、机器维护、付费失败、商家进货、出货时机械故障、其他机器故障等各种场景。如果不提前设计复杂状态的变化过程，而是直接上手写自动贩卖机的代码，程序最终会变得难以阅读和维护。在学习网站完成下面的原型图，并对比一下我的参考答案。

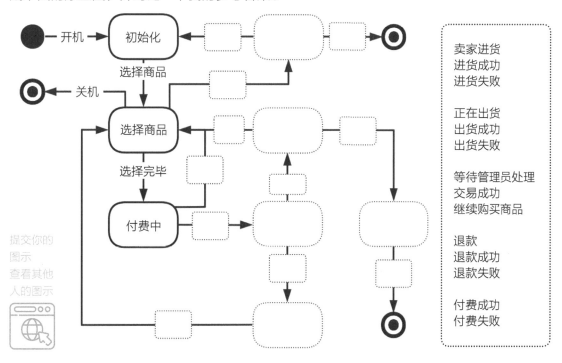

第二个案例是邮箱。这次实体不是邮箱，而是邮件。它的状态非常复杂，下面是我对发送邮件过程的描述：

> 发送邮件大致是这样的。首先要创建新的邮件并不断编辑，编辑完毕后就能发送了。别担心，没有编辑完也可以临时放到草稿箱，编辑好之后再发送，当然不想要的草稿也能彻底删掉。还有，如果不想发送编辑中的邮件，也能直接删除。哦对了，发送邮件的时候有两种可能性：第一种是全部收件人都发送失败了，那么这封邮件就发送失败了。第二种是但凡有收件人接收到邮件，这封邮件就发送成功了。发送失败的邮件可以重新编辑再次发送。发送失败和成功的邮件都可以彻底删除。最后还有个细节，邮件发送后可以撤回，当然只对未读这封邮件的收件人有效。

自然语言中的逻辑时而清晰、时而模糊，比如你现在很难立刻回答哪四种情况允许删除邮件。如果这个邮箱程序需多人协作完成，那么所有人达成一致的状态图能大幅提升协作效率。请你填空完成下面的状态图。

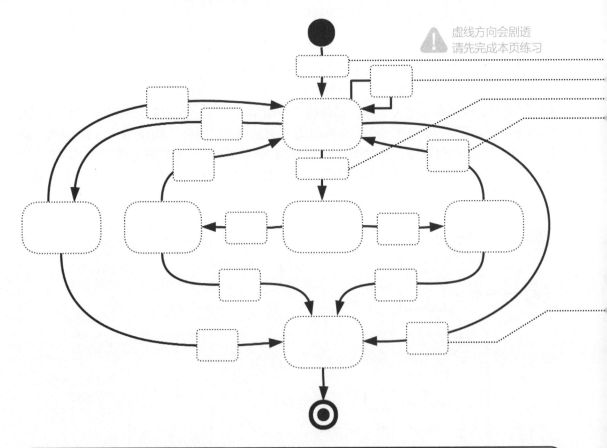

⚠ 虚线方向会剧透
请先完成本页练习

提交你的图示
查看其他人的图示

在学习网站中提交你的填空结果，并对比一下我的参考答案。
状态图可以转换为程序，下一页是简单的示例。请先完成状态图。

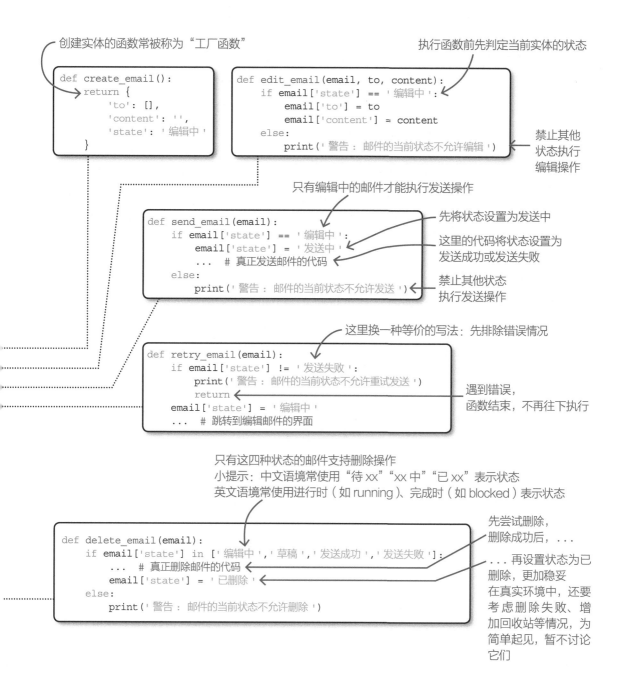

创建实体的函数常被称为"工厂函数"

```python
def create_email():
    return {
        'to': [],
        'content': '',
        'state': '编辑中'
    }
```

执行函数前先判定当前实体的状态

```python
def edit_email(email, to, content):
    if email['state'] == '编辑中':
        email['to'] = to
        email['content'] = content
    else:
        print('警告：邮件的当前状态不允许编辑')
```

禁止其他状态执行编辑操作

只有编辑中的邮件才能执行发送操作

```python
def send_email(email):
    if email['state'] == '编辑中':
        email['state'] = '发送中'
        ...  # 真正发送邮件的代码
    else:
        print('警告：邮件的当前状态不允许发送')
```

先将状态设置为发送中

这里的代码将状态设置为发送成功或发送失败

禁止其他状态执行发送操作

这里换一种等价的写法：先排除错误情况

```python
def retry_email(email):
    if email['state'] != '发送失败':
        print('警告：邮件的当前状态不允许重试发送')
        return
    email['state'] = '编辑中'
    ...  # 跳转到编辑邮件的界面
```

遇到错误，函数结束，不再往下执行

只有这四种状态的邮件支持删除操作
小提示：中文语境常使用"待 xx""xx 中""已 xx"表示状态
英文语境常使用进行时（如 running）、完成时（如 blocked）表示状态

```python
def delete_email(email):
    if email['state'] in ['编辑中','草稿','发送成功','发送失败']:
        ...  # 真正删除邮件的代码
        email['state'] = '已删除'
    else:
        print('警告：邮件的当前状态不允许删除')
```

先尝试删除，删除成功后，...

... 再设置状态为已删除，更加稳妥
在真实环境中，还要考虑删除失败、增加回收站等情况，为简单起见，暂不讨论它们

　　试想 email 实体没有状态变量 state，那么所有函数都要先判断参数 email 处于何种状态。最终导致代码可读性差、重复性高、难以维护。当前代码的好处是：每个函数都将注意力关注在当前状态的邮件，无须担心邮件之前处于何种状态而为其做状态判断和特殊处理。这不仅能简化状态检测的代码，而且可读性还高。

　　我在最近一次的真实项目中也使用了复杂的状态图，它包含 7 个状态和近 30 条线，详细描述了员工薪酬数据状态的变化过程。它极大降低了项目成员的沟通成本。所以当你遇到复杂状态的实体时，记得使用状态图哦！

系统设计 C：模块化设计提高系统内聚程度，层次化设计降低系统耦合程度

在两种情况下，你在一个文件内编写程序并不合适。第一，项目复杂之后，一个文件会让你头晕眼花，很难想象阅读和修改上千行的代码文件。第二，真实的项目需要多人协作，大家同时编辑一个代码文件很奇怪。这两点充其量只能算作现实中软件工程项目被拆分到多个文件夹和文件的外因。

《技术的本质》引述了一个寓言故事。假设每只表都集成了 1000 个零件。制表匠 A 一个零件一个零件地安装，当他的工作被打断后，他就必须从头开始。制表匠 B 则将 10 个模块组装在一起组成手表。每个模块又由 10 个子模块组成，每个子模块再由 10 个零件组成。如果他暂停工作或被打断工作，他只是损失了一小部分工作成果。作者认为：零件集成化可以预防不可预知的变动，且更容易修复，模块化简化了设计过程，让设计者的注意力聚焦在特定模块上。这是拆分的内因，或者说是模块化的本质。math、random 都是 Python 提供的模块，接下来你将设计供其他文件 import 的模块。让我们从一个不太相关的话题着手：让程序拥有记忆。目前你写的程序在运行结束后都不会留下痕迹，再次运行时一切从头开始。它们记不住问答进行到第几题，记不住购物车内的商品，记不住天气查询记录，记不住随机生成的食谱，是什么导致程序记忆消失了呢？

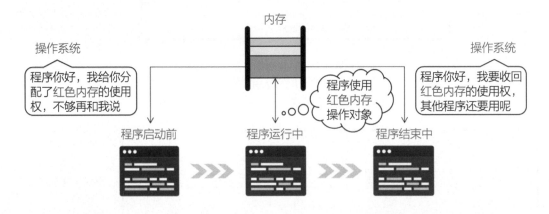

原来，程序创建的字符串、数字、字典、列表等对象都存储在内存存储空间中，当程序关闭后，这些数据就被操作系统回收了。为了让数据持久地存储下来，不会因程序结束而消失，你可以使用硬盘存储空间。

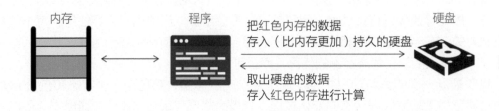

将内存中的临时数据存储到非易失性存储介质（如硬盘）的过程叫作**数据持久化**。将数据存入 / 取出硬盘的技术众多，我为你介绍最简单的一种技术：序列化和反序列化，如下所示。在学习网站中复制代码并运行。

复制代码

```
import pickle ←— pickle 是腌菜的意思，可以形象地理解为把数据封存起来

data_path = './data.sav' ←— 持久化文件的路径，sav 是 save 的简写，你完全可以任意起名
data = None ←————————— data 是内存中的数据，初始化为 None，表示空，什么都没有
```

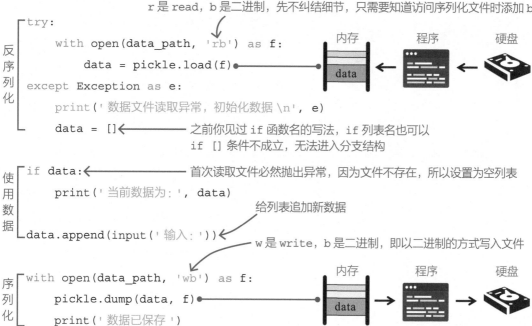

首次运行时，由于同层文件夹内没有 data.sav，文件读取出错捕获异常，此时为 data 设置默认值。最后对 data 进行序列化操作，即把 data 对象存储到硬盘，这样即使关机 data 数据也不会丢失。再次执行程序时 pickle.load 从硬盘中读取 data.sav 数据并赋值给变量 data。程序终于有了记忆力！

是时候讲解模块化和层次化了。正如抽象建模 A 结尾所说的，我并不打算直接告诉你答案。只有先明白为什么需要模块化和层次化，你才能真正理解它们。直接讲解知识收效甚微，这对培养编程思维没有太大帮助，更不要提活学活用了。请你先阅读学习网站提供的代码，接下来在探究活动中思考模块化和层次化的用途。

在学习网站中下载"图书管理系统 .py"，它简单模拟了图书馆负责人管理图书的工作。

观察程序的运行效果，阅读并理解每一行代码的含义。

别恐惧代码太长，你已经具备了读懂它的全部能力。

运行程序
观察效果
阅读代码

代码不长，九十来行，单击 IDLE 顶部菜单 Options → Show Line Numbers，即可看到代码行数。

代码中有 8 个函数，你认为如何将它们划分为三组？在学习网站上将其进行分类。

运用自己的直觉，给出恰当的理由。

接下来要剧透了！请务必提前思考，先建立假设才有机会从反思到领悟。

提交你的分类
查看其他人的分类

考察服务组织：银行、药房、酒店、图书馆、餐厅、学校、快递代收点。下图的模式无处不在。

交互层是系统对外的交互、界面、语言

在这个层面上，系统设计者的**关注点**是

- 确保用户友好性和易用性
- 提升交互效率和响应速度
- 明确的反馈机制
- 保持界面和操作的一致性
- 明确的错误处理机制

注意：交互方式多样

如工作人员、电子屏幕、纸质表单、回执单、收据

业务层是系统中行为的流程、规则、机制

在这个层面上，系统设计者的**关注点**是

- 确保遵循业务规则和逻辑
- 优化性能和运行效率
- 保护系统免受非法操作
- 能够轻松扩展或修改功能
- 保证数据的一致性和完整性

注意：业务方式多样，也可能没有计算机参与

如线下投票表决、签订纸质合同、设备装配与维修

数据层是系统中信息的流动、存储、索引

在这个层面上，系统设计者的**关注点**是

- 保证数据的持久性和安全性
- 提升数据访问和查询效率
- 防止非法数据访问和修改
- 在操作之间保证数据一致性
- 提供数据备份和恢复机制

注意：信息存储技术多样，不一定是计算机

如纸质账本、档案袋、档案室、照片、图纸

现在，我们已经明白了服务组织的三个关键层次：交互层、业务层、数据层。每个层次都有其各自的重要性和功能，它们相互衔接形成了一个完整的、可运作的服务体系。那么在实际生活中，这三个层次如何在不同的服务组织中体现出来呢？下表列举了一些案例，你可以对照左侧的表格，审查是否符合系统设计者的**关注点**。阅读时请你带着问题思考：代码中的 8 个函数如何划分到交互层、业务层、数据层呢？

教培机构	酒店	餐厅	电影院	公园	银行
个人学习报告 课程反馈机制 学员互动社区 教学资源下载	前台接待处 在线预定系统 客户服务热线 清洁需求提交 餐饮服务 客房环境	菜单呈现效果 快速呼叫服务 排队进度提醒 食客反馈渠道	在线售票系统 放映场次显示屏 影院导航设施 影片评分反馈	公园导览地图 购票入园系统 安全提示和设施 公园活动信息发布 紧急服务呼叫	ATM 报警方式 网上银行 线下服务窗口 客服电话
能力评价标准 课程设计方法 学习进度追踪 教学质量控制	房间分配机制 餐饮质量控制 防止非法入住 退房清洁流程	食品安全保障 餐桌分配机制 上菜时间控制 食材供应链管理 照顾特殊饮食需求	防止非法售票 处理客户投诉 影片排期规则 影院内部运营 影片放映流程	游客流量控制 门票核验流程 公园设施维护 防止非法入园 环保政策推行 游客投诉处理	账户管理机制 金融产品运营 客户隐私保护 防止非法交易
学生信息安全 学习进度查询 教学反馈数据	异常订单恢复 消费数据备份 防止非法预定 预定与实际一致	菜品信息管理 库存信息管理 销售和库存相符	观影数据查询 影片数据索引 影院会员管理	游客数据统计 游客满意度数据	交易数据查询 交易数据备份 金库和保险箱 阻止非法访问

将"图书管理系统 .py"的 8 个函数划分到交互层、业务层、数据层。你的分类结果有变化吗？你如何解释各层函数的共性？

提交你的分类
查看其他人的分类

准确的分类方法如下所示。

交互层：...　共性：...
业务层：...　共性：...
数据层：...　共性：...

为避免你的余光扫到答案，请在学习网站上查看。

你的分类结果和我一致吗？我猜测你的分类结果也大差不差，除了 show_all_books。关于它的归属问题，我们稍后解答，姑且先相信我的分类。

现在"图书管理系统 .py"还很容易阅读和修改，好多人都想给它增加功能。倘若不进行层次化和模块化处理，复杂性很快就无法得到有效管理和控制。终于有一天你会发现，所有人（甚至是你自己）都不再愿意阅读和修改它！为了控制复杂性，我们先把程序切分到 3 个文件。

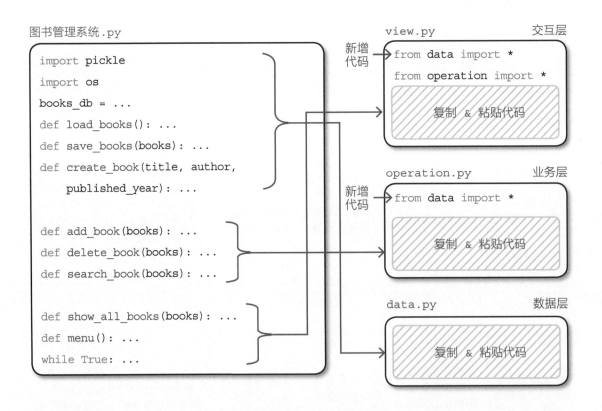

创建 3 个新文件：view.py、operation.py、data.py，把它们放置在同一个文件夹内，运行 view.py 文件。如果顺利，你就可以看到和之前程序一样的效果。为什么要新增 import 代码？星号是什么意思？为什么要从 view.py 运行？

一个 .py 文件就是一个 Python 模块——module。注意：模块化一词适用于任何领域，Python 模块只是一种模块化的技术手段。在 Python 模块内导入其他 Python 模块有两种方法。

- `import` 模块名。使用方法为"模块名 . 对象名"。**模块名就是 .py 文件的文件名**，如 data.py 的模块名是 `data`。
- `from` 模块名 `import` 对象名。此时该对象名直接归入本模块内，可以直接使用。如果要导入模块内的全部对象，则写为"`from` 模块名 `import` `*`"。

本书忽略了子模块和包等高级概念，并且假设相关模块都位于同一层级目录，我认为掌握模块化的思想比技术更重要。接下来从 view.py 视角看 import 的逻辑。

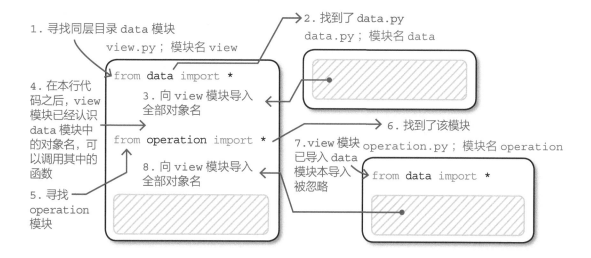

通过 import，view 模块就能够调用 data 模块和 operation 模块中的函数和变量了。你可能会质疑：这和单独的 .py 文件在本质上没有任何区别！但从分工协作的角度来看，多个文件利于大家分工和项目管理，项目越复杂该优势越明显。注意：operation.py 导入 data 模块是必需的，因为该模块引用了 data 模块的 create_book 函数。模块化带来了新的问题：每个模块各自独立开工，那么如何对本模块进行单独测试？ **import 不仅会导入对象名，还会执行模块内的顶层代码**（行首无缩进），如下所示。

执行 b.py 时 print 无可非议；执行 a.py 时顶层代码 print 同样生效。这不利于模块独立测试！若在 data.py、operation.py 的函数定义下方编写测试代码，view.py 在 import 时则全部执行，这不是期望的效果。data.py 的作者不可能等到其他所有模块（如 operation.py）都创作完毕后，才能被 view.py 的作者统一调用，最后得到测试结果。data.py 的作者一定希望在编写 data.py 的过程中就立刻检测自己的模块是否正确！

有没有办法让 view.py 不执行其导入模块的测试代码呢？既然 Python 一切都是对象，对象有属性和方法，那么模块也是对象，即模块也有属性和方法。模块有一个重要属性：__name__，注意 name 前后都是两个下划线。当前执行的模块的 __name__ 值为"__main__"，否则值为其他模块的名称。观察下面的实验。

a.py

```
import b
print('a.py __name__:', __name__)
```

b.py

```
print('b.py __name__:', __name__)
```

- 执行 b.py 时程序输出"b.py __name__: __main__"。
- 执行 a.py 时程序先输出"b.py __name__: b"，再输出"a.py __name__: __main__"。

我们发现：无论执行 a.py 还是 b.py，__name__ 的值都是 __main__；a.py 的 import b 执行 b.py 的 print，其结果（b）和单独执行 b.py 的结果（__main__）不同。据此，可以给所有 Python 模块的顶层代码添加一行有用的判断：**if __name__ == '__main__'。你可以将它阅读为：想要执行 if 内的代码，必须从本模块启动；如果本模块被其他模块 import 调用，则不执行 if 内的代码。这几乎是所有 Python 模块的标配。它满足了刚才提到的模块独立测试的需求**：data.py 可以运行 if __name__ == '__main__' 内的测试代码，而 view.py 不能运行。为所有模块添加 __name__ 的判定，如下图所示。

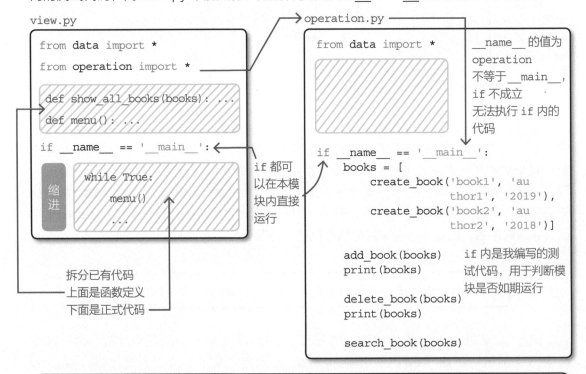

尝试为 data.py 添加测试代码。测试过程应当考虑各种情况，比如持久化文件是否存在。
你可能会使用到 os.remove(path)，它可以删除文件 path
（类型为字符串）。

提交你的代码
学习其他人的想法

我们的"模块化改造运动"还存在三个问题。第一个问题是模块的跨层沟通。交互层的 view 模块和业务层的 operation 模块都导入了数据层的 data 模块，这不合理。让我举一个例子，仔细观察转账行为在三个模块上的信息流动。

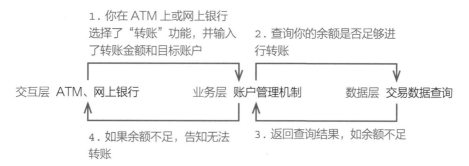

1. 你在 ATM 上或网上银行选择了"转账"功能，并输入了转账金额和目标账户
2. 查询你的余额是否足够进行转账

交互层 ATM、网上银行　　业务层 账户管理机制　　数据层 交易数据查询

4. 如果余额不足，告知无法转账
3. 返回查询结果，如余额不足

关注上图模块之间的沟通交流方法。你在餐厅使用自然语言或在线下单，并向业务层传递下单指令，该指令的参数是菜品名称、口味偏好、数量。**指令及其参数被称为接口。**前几页列举的教培机构、酒店、餐厅等服务组织的所有模块都是通过接口（指令 + 参数）连接起来的。下图以接口视角呈现转账行为的信息流动。

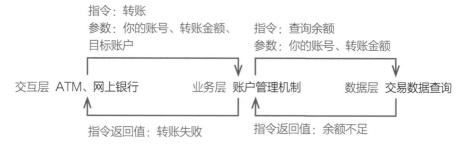

指令：转账
参数：你的账号、转账金额、目标账户

指令：查询余额
参数：你的账号、转账金额

交互层 ATM、网上银行　　业务层 账户管理机制　　数据层 交易数据查询

指令返回值：转账失败
指令返回值：余额不足

大多数场景都符合该逻辑：上层模块发出指令及其参数，下层模块返回处理结果。那么跨层沟通（如下图箭头所示）会发生什么事情呢？如果你有权限跳过银行监管查询其他储户的数据，如果你跳过服务员直接向厨师发出下单指令，如果你跳过酒店前台径直走入某间空客房入住……那么世界就要乱套了！

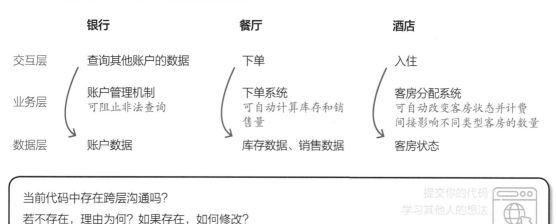

	银行	餐厅	酒店
交互层	查询其他账户的数据	下单	入住
业务层	账户管理机制 可阻止非法查询	下单系统 可自动计算库存和销售量	客房分配系统 可自动改变客房状态并计费 间接影响不同类型客房的数量
数据层	账户数据	库存数据、销售数据	客房状态

当前代码中存在跨层沟通吗？
若不存在，理由为何？如果存在，如何修改？

提交你的代码
学习其他人的想法

凡事都有例外，跨层指令时有发生。例如，酒店业务层有"入住"指令却没有"因特殊情况入住"指令，特殊情况可能会出现交互层直接跳过业务层进入数据层的紧急情况。此时就需要业务层快速响应补充业务层的指令，哪怕是靠人力和手工记录的非数字化方式。有时跨层行为会造成危害。

现在程序的交互层只导入业务层的模块，业务层只导入数据层的模块，这非常好。美中不足的第二个问题是：模块的职责边界不清晰。模块之所以称为模块，正是因为其功能单一、聚焦、职责清晰。一个模块不应该承担其他模块的职责，无论这些模块是否位于同一层。**专家们称呼这一特性为模块的内聚程度，高内聚是我们追求的目标。**

大多数场景都符合该逻辑：模块 A 不会去做模块 B 的事情，正所谓各司其职。那么职责边界不清晰会发生什么事情呢？如果老师要处理后勤工作，如果餐厅服务员要负责制作食物，如果酒店清洁人员负责接待、预定、退房等工作，如果银行柜员要负责安保……世界又要乱套了！

当前代码中哪里存在低内聚的情况？

换一种问法：哪些模块做了本应该是其他模块该做的事情？如何修改？

提交你的代码

学习其他人的想法

注意，这一改动将迫使接口更加复杂。世界是矛盾的，鱼和熊掌不可兼得。现在你知道为什么 show_all_books 应该位于交互层而非业务层了吧？因为它的职责是呈现变量 books，而非业务层的任何关注点。

第三个问题是模块与模块的依赖程度过高。各司其职并不意味着毫无关联，模块之间总会存在一切程度的依赖，如果模块 A 需要模块 B 才能够完成任务，则称 A 依赖于 B（或称两个模块耦合）。正如上一页所呈现的那样：网上银行模块依赖于账户管理机制，账户管理机制依赖于交易数据查询。**专家们称呼这一特性为模块的耦合程度，低耦合是我们追求的目标。**

耦合意味着修改一个模块，与之耦合的模块也可能受到影响。低耦合的神奇之处在于它可以达成修改一个模块也不会影响其他模块，从而让系统处于相对稳定的状态。

大多数生活场景都是低耦合的。耦合程度过高会发生什么事情呢？如果餐厅不提供菜单而是分析每位食客的口味偏好来定制食物，如果酒店不使用标准客房类型而是根据每位客户的喜好布置客房，如果学校不设置必修选修而是根据每位学生的特点设计符合每一个人的课程，如果电影院不设置观影时间而是根据每位观众的时间安排决定何时播放……世界真要乱套了！菜单中的口味偏好、客房类型、必修选修、电影播放时间使得与菜单、预定、课程、放映耦合的模块更加稳定，如下图所示。

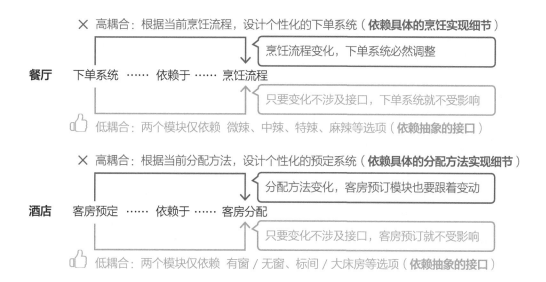

如上图所讲，**模块应依赖抽象的接口，而非依赖具体的实现细节。**这可能是初学者最难掌握的编程思维。依赖接口提升了模块的稳定性。假设当前部分代码如下所示。

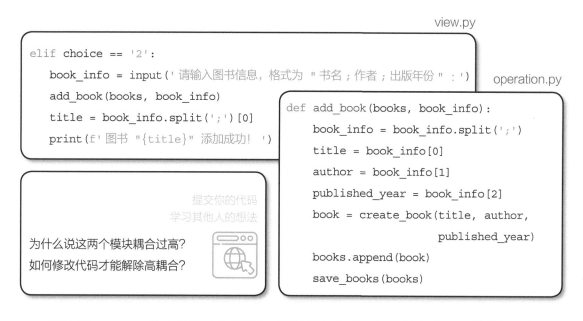

view.py

```
elif choice == '2':
    book_info = input('请输入图书信息，格式为 " 书名 ; 作者 ; 出版年份 " : ')
    add_book(books, book_info)
    title = book_info.split(';')[0]
    print(f' 图书 "{title}" 添加成功！ ')
```

operation.py

```
def add_book(books, book_info):
    book_info = book_info.split(';')
    title = book_info[0]
    author = book_info[1]
    published_year = book_info[2]
    book = create_book(title, author,
                       published_year)
    books.append(book)
    save_books(books)
```

提交你的代码
学习其他人的想法

为什么说这两个模块耦合过高？
如何修改代码才能解除高耦合？

解决了 import 带来的三个问题后，代码层次分明，各模块高内聚，模块间低耦合。讲解 import 本身并不难，难在理解使用它的动机和潜在问题。虽然图书管理系统小巧迷你，有大炮打蚊子之嫌，但对你理解为什么需要 import，以及反思内聚和耦合大有裨益。实践中，复杂项目的层次结构多样，但是整体上仍包含三个基本层次。

层次化和模块化是最重要的编程思维方式之一，是开启理解数字化世界的钥匙。所有令人惊叹的数字化产品或非数字化产品，都在不断增长的复杂性中通过层次化和模块化寻找到解决问题的路径。你将在第三部分中再次遇到它们。思维 4 很是复杂，别担心，接下来几个编程思维相对轻松，毕竟你已经完成了本书最困难的内容。

思维 5：问题分解

知识永远学不完，你将在本书第二部分中学习 9 种编程思维，使用它们驾驭你已知的和未来无尽的编程知识。

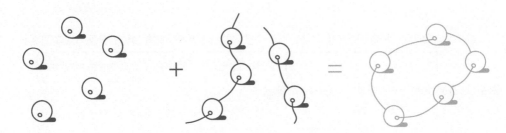

问题分解

A：按照结构将问题分解成可以独立解决的子问题。

B：按照流程将解决问题的过程分解成多个有序的步骤。

C：按照系统的功能组织和依赖关系将问题分解成可以独立实现的子部分。

D：多层次分解，先分解成子问题，然后对复杂的子问题做进一步分解。

E：从多个维度对复杂问题进行分解。

测试调试

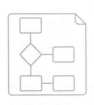

算法设计

抽象建模

系统设计

问题定义

实验迭代

作品创造

作品分析

什么是问题分解

问题分解听起来像是一个技术术语，实则是我们在日常生活和工作中常用的一种思维方式。从字面上理解，问题分解就是把复杂的问题分解成一系列小的、相对独立的子问题，然后逐一解决它们，最后再组合这些子问题的解决方案，得到原问题的解决方案。问题分解与抽象建模、系统设计紧密关联，它们共同构成了解决复杂问题的重要工具。问题分解将复杂问题拆分为子问题，分解结果相当于设计蓝图，为后续抽象建模、系统设计做好了准备。

- 结构分解。建筑师在设计建筑的过程中，会将整个建筑分解成地基、墙体、屋顶等部分。拆开一个复杂的机器，分解出它的各个组成部分的过程，不仅仅是物理上的分解，更多的是对问题内在结构的理解和识别。游戏可以分解为 NPC、我方角色、敌方角色、道具、关卡等结构要素。第一部分中项目 4 的随机食谱结构图也属于结构分解。

- 流程分解。设计一条流水生产线时，我们需要规划出整个生产过程，确定每个阶段应该完成的任务。流程分解可以帮助我们理清思路，规划出解决问题的路径，根据步骤一步步进行，最后完成整个过程。

- 功能组织和依赖关系分解。设计 APP 时，我们将其分解为用户界面、数据处理、网络通信等模块，各模块都有清晰的功能，用户界面依赖于数据处理的结果来显示信息，数据处理模块依赖于网络通信模块来获取数据。

- 层次分解。就像创作小说的过程，首先将其分解为情节构思、角色设计、环境描述等大的子问题，然后对每个子问题进一步分解，比如情节构思可以再分解为主线情节、支线情节等。每深入一层都会发现更深层次的问题。不断地剖析问题，直到找到问题的核心所在。

- 多维度分解。分解的视角不同，分解的结果不同，正如从不同角度观察同一个立体图形会看到不同形状。线上线下购物时，购物体验这个复杂问题可以按照购物者视角、商家视角、平台运营视角进行分类，它们各有合理性。

问题分解包含如下子能力。

A. 按照结构将问题分解成可以独立解决的子问题。

B. 按照流程将解决问题的过程分解成多个有序的步骤。

C. 按照系统的功能组织和依赖关系将问题分解成可以独立实现的子部分。

D. 多层次分解，先分解成子问题，然后对复杂的子问题做进一步分解。

E. 从多个维度对复杂问题进行分解。

下面我们一起在探究活动中实践，逐步掌握这 5 个子能力。

问题分解 A：按照结构将问题分解成可以独立解决的子问题

按照结构分解是最符合直觉的方式，因为整体由局部组合而成。这种分解方式类似于我们尝试理解一个复杂的机械装置或建筑结构。你可以将其看作由各种不同的部分或组件构成，每个部分或组件都有自己特定的功能和结构，它们共同协作形成一个完整的系统。这种分解方式强调整体与局部之间的相互关系。

> 你和你的朋友们正在计划周末去市区公园做一次环保志愿者活动。你们已经将整个活动分解为以下组成部分：
> 1. 购买并准备清洁工具，如垃圾袋和抓垃圾的夹子。
> 2. 对志愿者进行分工，如谁负责清理哪个区域。
> 3. 进行实际的清洁工作，收集公园内的垃圾。
> 4. 对志愿者的工作进行总结和反馈。
> 从结构上看，问题分解得是否完备？有无遗漏？

提交你的想法
学习其他人的想法

问题分解 B：按照流程将解决问题的过程分解成多个有序的步骤

流程分解是按照任务的执行顺序进行拆分，强调将问题解决的过程划分为一系列有序的步骤。这种方法就像我们使用食谱制作一道菜一样。食谱会详细地列出如何准备原料、怎样进行烹调以及最后如何装盘。每一步都有清晰的顺序，需要完成当前步骤才能进行下一步。流程分解强调的是顺序性和依赖性，每一个步骤都是对前一步骤结果的进一步处理，这也意味着前后步骤存在一定的依赖关系。

> 你的班级正准备组织一个为期两天的户外露营活动。你们已经将其分解为以下步骤：
> 1. 寻找合适的露营地点并获得相关许可。
> 2. 根据参与人数和活动天数进行活动策划，如烧烤、徒步等。
> 3. 根据策划内容准备所需的道具和设备，如帐篷、烧烤架等。
> 那么，接下来你们应该考虑的重要步骤是什么？

提交你的想法
学习其他人的想法

问题分解 C：按照系统的功能组织和依赖关系将问题分解成可以独立实现的子部分

功能组织和依赖关系分解强调将问题分解为多个可独立实现的子功能、子模块。如同分解一台复杂的机器，我们需要了解各个部件如何协同工作，即它们之间的依赖关系，这样就能够在不影响整体工作的前提下针对性地解决单个子问题。这种分解方法对于设计和理解复杂系统尤其有效，如软件设计、机械设计等领域。

你和你的朋友们正在设计一个用于管理零花钱的 APP。

其中一个功能是记录你的收入和支出。其中，收入可能来自于家长给的零花钱、亲戚的红包或其他渠道；支出可能包括购买零食、学习用品或者参加社交活动的费用。

你朋友提议将收入和支出的记录合并成一个功能模块，你对此有何看法？

提示：要全面分析子模块拆分和合并的合理性。

提交你的想法
学习其他人的想法

问题分解 D：多层次分解，先分解成子问题，然后对复杂的子问题做进一步分解

　　多层次分解强调分解的深度。我们首先将问题分解为几个主要的层次或模块，然后逐个深入，对每一层和每个模块再做进一步的分解。这种分解方法使我们能够逐步深入到问题的核心，每一步都基于前一步的结果。一开始可能只有一些大的、宽泛的子问题，但随着分解的深入，我们将得到越来越详细和具体的子问题。

你的团队正在设计一个全新的在线学习平台。你访谈了很多学生和老师，认为平台上的主要活动包括：

1. 课程浏览：寻找感兴趣的课程和学习内容。
2. 学习资料下载：获取必要的学习资料或课程视频。
3. 在线学习：通过平台观看课程视频，学习新知识。
4. 作业提交：完成课程相关作业并提交。
5. 与老师交流：在疑惑或困难时向老师求助。

请针对每个活动再进行分解。

提交你的想法
学习其他人的想法

问题分解 E：从多个维度对复杂问题进行分解

　　横看成岭侧成峰，远近高低各不同。多维度分解强调分解视角的多样性，每个看问题的角度都提供了一种看待问题的方式。例如，一个复杂的问题可以从不同的用户、外部环境等角度进行分解。这样不仅可以让我们看到问题的全貌，还可以深入到问题的每个方面，掌握问题的实质，找到问题的关键。通过多维度分解，我们可以得到对问题更全面、更深入的理解，从而更好地解决问题。

提交你的想法
学习其他人的想法

你的学校或社区即将举办一场跳蚤市场活动。

活动的主要内容是居民可以将自己闲置不用的物品带到市场售卖，同时也可以购买其他人的物品。

请你至少从两个维度对跳蚤市场活动进行分解。

或许你很费解：有些问题与数字化的程序软件没有半毛钱关系！那可不一定。任何问题都有可能借助数字化的力量加以解决，比如创建志愿者活动的 APP、户外露营活动计划的线上研讨平台、在线跳蚤交易市场。因此，即便是对非编程问题的分解训练，也会有助于提升你的问题分解能力。你甚至可以通过在日常生活中观察和拆解现有系统，反思其设计逻辑（例如，某部门 / 零件 / 组件存在的作用是什么？和其他部分有何关联？），来达成自我训练的目的。

　　你可能会发现，问题分解的结果，不仅取决于你的分解能力，更取决于你对问题情境本身的理解。如果你对志愿者活动、露营活动、零花钱管理、在线学习平台、跳蚤市场等有一定广度或深度的了解，你的分解思路就会变得更加流畅。这就是下一个编程思维要探讨的问题：如何理解问题情境。

思维 6：问题定义

知识永远学不完，你将在本书第二部分中学习 9 种编程思维，使用它们驾驭你已知的和未来无尽的编程知识。

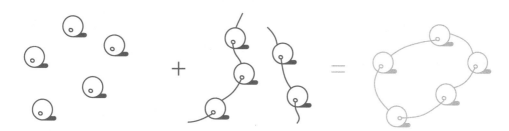

问题定义

A：清晰表述问题的目标或要求。
B：提出澄清性问题，了解问题的准确目标和具体要求。
C：识别出与问题相关的显性或隐性的要求或限制。

测试调试

算法设计

抽象建模

系统设计

问题分解

实验迭代

作品创造

作品分析

什么是问题定义

回顾一下之前问题分解的探究活动。问题分解结果以1、2、3的条目清晰呈现出来，这为接下来进行系统设计和抽象建模做好了准备。准确的分解结果是建立在问题已经明确的基础之上的，但在日常生活中，我们遇到的问题往往是模糊的、不清晰的、不明确的，问题分解的结果不会自动以1、2、3的条目被清晰呈现出来。当在某个情境中遇到问题时，我们首先要做的第一件事情就是理解问题，找出它的真正含义，确定问题的目标、要求、边界，这就是问题定义能力。把模糊问题弄清晰，我们才能更有效地分解问题，找出合适的设计方案并解决它。

这里要明确一点，问题定义中的"问题"（problem）并不是生活中常说的"疑问""疑惑""提问"（question）。问题（problem）是需要解决方案的挑战和困难，是一个需要人们动用技术、知识、技能去解决的实际问题。有时候表象、现象只是问题的引子，而不是问题本身。例如某个行为的效率低下并非真正的问题，我们并不明确提升效率的目标和要求。所以为了让问题更加清晰，你需要追问提出问题的人，深挖表象/现象背后的原因。

问题产生于情境中人的需求和目的，因此在定义问题时，我们必须要考虑到两个关键角色：提出问题的角色和给出解决方案的角色。有时这两个角色由同一个人扮演，例如为自己编写程序就是解决自己提出的问题。大多数情况下，这两个角色由多个人扮演。提出问题的角色叫作用户，给出解决方案的角色在不同领域称呼各异。编程类问题很复杂，所以给出解决方案的角色也不断细化，你会在第三部分中扮演更多细分角色。在问题定义中，你将扮演直面用户需求的细分角色：产品经理（Product Manager，PM）。

PM最重要的事情就是把问题定义清晰。在自学编程的过程中，你可能很难意识到自己不仅是用户，同时也是PM！如果忽略这一点，我们就失去了透过"问题定义"的视角看待问题的机会，我们就难以察觉一个问题从模糊到被清晰定义的过程，我们就不会重视普遍存在却易被忽略的关键能力——围绕用户的需求来解决问题。

问题定义包含如下子能力。

A. 清晰表述问题的目标或要求。

B. 提出澄清性问题，了解问题的准确目标和具体要求。

C. 识别出与问题相关的显性或隐性的要求或限制。

下面我们一起在探究活动中实践，逐步掌握这3个子能力。

问题情境一：球队活动

既然问题源于情境，那么定义问题的过程需要深入了解用户所处的情境。接下来我们将进入两个情境，观察 PM 和用户之间的模拟对话（灰色是用户说的话，蓝色是 PM 说的话），学习 PM 如何运用"问题定义"的思维能力将模糊的问题定义清晰。注意，真实情况更加复杂，探究活动的目的更多是演示何为问题定义。

背景：一名学生想要创建一个应用程序来帮助他和他的朋友们更好地管理和分享他们球队的比赛和训练时间。

我想要一个应用程序，可以帮助我和我的朋友们管理我们的足球队。 ← 任何类型的队伍都适用于本情境，如篮球队、电竞队

你能详细描述一下你们日常的足球活动吗？

我们每周都有几次训练，每个月都有几场比赛。我需要一个方式来追踪这些活动。

那你们现在是怎么追踪这些训练和比赛的？

我们现在是用纸质的日历和笔来记录，但这样很麻烦，而且容易丢失。

嗯，把纸质日历和笔搬运到程序中，数据确实不会丢失。你说的"麻烦"是指什么呢？

哎，就是队员常常忘记某些训练，而且通知大家也很麻烦，特别是训练和比赛信息有变动时。

是谁负责发布和变动这些信息呢？

队长负责找场地、发通知这些事情，也就是我。

问题定义 A：清晰表述问题的目标或要求。
作为 PM，你认为用户的需求是什么？

提交你的想法
学习其他人的想法

A. 设计找到活动场地的应用程序　　　B. 设计记录队员个人信息的应用程序
C. 设计提醒队员训练和比赛时间的应用程序　D. 设计统计队员训练、出勤情况的应用程序

队长在发布活动信息时，具体包含什么内容呢？

队长通常要考虑训练和比赛的时间、地点，以及每位队员的可用时间。

也就是说，队员们要告知程序自己的空闲时间，方便队长看到是吗？

嗯，对的，这样我安排训练时就可以避免大家时间冲突了。

如果队员临时调整时间，不能参加某次活动，你们现在是如何处理的？

队员会在微信群里告诉我，或者私聊我。结果要么是寻找替补队员，要么是取消本次训练或比赛重新安排。

在这个过程中，有遇到什么困难吗？

找替补很麻烦，我要在微信群里通知，还不能确保队员们看到，有时还要一个一个去问。

也就是说，你希望当队员时间变化时，程序可以通知队长，并选择替补队员吗？

是的，这样我就不用一个一个问了，方便很多。

问题定义 B：提出澄清性问题，了解问题的准确目标和具体要求。
作为 PM，你认为哪个提问有助于进一步了解问题的细节？

提交你的想法
学习其他人的想法

A. 你们球队有多少人？　　B. 当队员不能参加活动时，程序应该如何选择替补队员？
C. 你们球队在哪里比赛？　D. 队员们通常在什么时间更新他们的可用时间？

在你选择替补队员时，你是如何考虑的，是随便选择一个时间合适的队员就行吗？

💬 不是，会优先考虑没有参加上次训练或比赛的队员，给其更多机会。还要考虑替补队员擅长的位置。

就是说，程序要知道队员们的空闲时间、最近参与活动的情况、擅长的位置。如果满足替补条件的队员有多个呢？

💬 那就随便选吧，我觉得问题不大。 ← PM 要敏锐发现不合理的要求，并和用户深入沟通

这样做是否合理？优先选择最近更新自己空闲时间的队员，他的时间大概率也更加准确。

💬 这样好像更合理一些，最新更新说明时间最准确。

队员更新自己的空闲时间、擅长位置这两个信息，只有他们自己可以操作吗？队长可以操作吗？

💬 嗯，这些信息只有队员自己可以更新，不过有明显错误的话，我也可以直接修改，修改后通知他。

那他修改的时候还需要经过你的审批吗？还是直接修改就行？

💬 队员直接修改就行了，修改完毕后通知我。

队员可以查看自己的历次参与活动记录吗？队长也需要看到吧？其他队员可以看到吗？

💬 我肯定要看到的，他自己也可以看。其他队员也可以看，大家相互了解有助于提升我们社区的活跃度。再做一个排行榜吧，动态实时更新的那种，呈现大家的日常训练表现和成绩。

现阶段我们先完成基本功能，后续的社区类功能都是围绕基本功能展开的，一步一步来。

💬 嗯，好的。　　　　用户什么都想要，PM 要管理好用户需求，优先关注问题的核心目标和要求

问题定义 C：识别出与问题相关的显性或隐性的要求或限制。

作为 PM，你认为哪一个不是用户提出的问题要求或限制？

提交你的想法
学习其他人的想法

A. 队员在程序中能发布自己的训练心得
B. 队员能够自行更新空闲时间及擅长位置
C. 队员不能参加活动时系统自动寻找替补
D. 队员和队长都能查看自己的历次活动记录

接下来 PM 通过能力 B（提出澄清性问题）和能力 C（深入了解要求或限制）的结果再次运用能力 A（表述问题的目标或要求）。

其目的是和用户确认问题的目标或要求符合他的需要。　　再次提醒，真实情况可没这么简单问题越复杂越难定义

我了解差不多了。我总结一下，你看看有没有遗漏。**第一**，队长可以发布活动信息，活动包括训练和比赛。每个活动的核心信息有时间、地点、队员。活动可被取消。**第二**，发布和取消活动后，程序自动通知队员。**第三**，如果参与活动的队员时间有变化，他可以在程序上直接修改自己的适合时间，然后通知队长。接下来程序会自动从时间合适的队员中选择替补，选择规则是位置合适并且最近更新过时间。队长可以修改每个队员的空闲时间和擅长位置，但是队员只能修改自己的。**第四**，队员可以查看自己的活动记录，他也可以看到其他队员的记录，队长也可以查看。你看看我的总结有无遗漏？

系统设计 A：设计原型呈现功能，测试系统易用性和交互性

💬 嗯，这是我想要的，应该没有遗漏了。

好的，如果我后续还有想了解的细节我们再沟通。接下来我绘制一个原型图和你确认。

和用户确认了问题的目标或要求无误，PM 就要将问题分解，之后与其他细分角色合作进行系统设计、抽象建模、算法设计、测试调试等一系列工作。我们会在第三部分中练习该流程。

请在<u>学习网站</u>查看我对该问题的分解结果。你将在下一个情境中亲自分解被清晰定义的问题。

查看分解结果

问题情境二：失物招领

背景：失物招领平台相较于问题情境一更加真实。校园、机场、小区、超市都设有失物招领系统，有线下人工处理，也有线上数字化处理。某高校的失物招领处负责人想把线下人工处理转移到线上平台，他请求你的帮助。

> 虽然你当前知识不足以搭建线上平台，但是问题定义的能力是通用的

我想要一个应用程序，可以帮助大家更快地找到遗失物品。

能详细描述一下你们失物招领处在管理上有什么挑战或问题吗？

比如，同一个遗失物品人员在一段时间会频繁询问，但是如果有一个平台的话，他可以先报失，或者直接在平台查看已有遗失物品。我们工作人员一直在电话上接听相同的物品信息，效率很低，心情很烦。而且工作人员手工记录新接收的遗失物品工作量很大，工作压力大。

> 用户的描述通常不是结构化的，作为 PM 要有意识地梳理总结

> PM 以用户类型为线索，引导用户梳理

看来至少有三类用户使用这个平台：捡到失物人员、遗失物品人员、工作人员。假设有在线失物招领平台，你希望这三类人群可以做什么呢？或者说做事情的流程是怎样的呢？

对于捡到失物的人员，我觉得他要能按照我们的要求做失物登记，这样工作人员会省时省力，当然直接交给咱们工作人员登记也是可以的。对于遗失物品的人员，他可以直接查看平台上的遗失物品，然后再打电话询问，或者先报失。对于工作人员，主要就是接收失物、寄送失物、管理存储间、报失物品和当前物品匹配。

问题定义 A：清晰表述问题的目标或要求。
提交你的想法
学习其他人的想法

作为 PM，你认为线上失物招领平台要解决的核心问题是什么？

> PM 决定先从一个方向切入，提出澄清性问题

确保失物归还到正确的人手中很重要，你们现在是如何处理的？

主要依赖于失主对遗失物品的详细描述来确认其所有权，但它依赖于失主记忆准确度和工作人员的判断。

那你们如何防止错领和冒领？如果真的发生误判，你们怎么办呢？

防止误判主要通过内部工作人员培训。如果真的发生，首先和失主确认物品详细特征，确认误判的话则要回物品归还真正的失主。此时需要公开道歉，并解释误判是怎么发生的，降低其对我们声誉的影响。

看来让失主填写一个详细的描述物品特征的模板，甚至上传近似物品的图片，有助于减少你们的误判。

嗯，是的！这样不仅有助于我们向双方解释误会，而且近似物品也便于工作人员识别确认。

捡到失物的人员在平台上传物品时，你认为要记录什么信息呢？ ← PM 切入另一个方向

主要就是把特征描述清楚，是什么物品、颜色、大小等等。 ← 用户的表述通常不是结构化的，PM 要继续挖掘

颜色和大小属于物品的外形特征，你认为还有什么特征值得被记录呢？

特殊的标记很有用，比如特殊的刻痕、贴纸什么的。工作人员可以据此快速比对。

那么物品的品牌、型号是否需要记录呢？

需要，手机要记录品牌。

> 这些澄清性问题有助于后续抽象建模时建立"遗失物品"实体
> PM 在设计提问时，也要考虑后续设计工作

问题定义 B：提出澄清性问题，了解问题的准确目标和具体要求。
提交你的想法
学习其他人的想法

作为 PM，你认为还有什么提问能够进一步帮助你明确失物招领问题的准确目标和具体要求？

所有失物都可以公开地展示在平台上吗？是否存在不宜公开的物品？←—其中的隐性限制

> 有的，像身份证包含隐私信息，我们就不会公开展示，只能呈现一些基本特征，如部分尾号数字。

那是否说明需要一个审核人来确认所有提交的失物有没有泄露隐私？

> 嗯，如果平台转移到线上，应该需要这个人力配置了，否则无法排除暴露隐私信息的风险。

如果某物品长期无人认领，你如何处理？↑—说明"遗失物品"实体包含 "审核通过"的属性或状态

> 如果特别久的话，我们就要捐献或销毁处理了。具体多久还需要内部讨论。←—说明"遗失物品"实体包含 "已回收"的属性或状态

所有失物都要送到你们失物招领处吗？

> 这个要看情况。如果是贵重物品，一般是建议同学们送往失物招领处保存。如果只是一般的小物件，也可以由学生自己代为保存。这样可以降低我们的工作压力。

我们刚才提到物归原主很重要。那发生误判时，我们怎么找到之前的失主呢？←—围绕误判深入询问

> 如果失主是我们学校学生，直接记录他的学号和电话就足够了；如果失主是校外人员，核心记录身份证号和手机电话；如果失主是老师，再记录一个办公室电话。

说明"遗失物品"实体
要保存"由谁保管""在哪里获取"等信息

问题定义 C：识别出与问题相关的显性或隐性的要求或限制。
提交你的想法
学习其他人的想法

在上面的对话中，我作为 PM 向用户询问了关于物品信息、失物误判的要求或限制。
你已经知道用户希望失主可以报失，也可以浏览当前的遗失物品。
作为 PM，围绕这两个问题，你认为有哪些提问可以进一步挖掘其中的要求或限制？

根据上述 PM 和用户的对话，尝试将问题分解。
提交你的想法
学习其他人的想法
提示：根据三类用户进行分解。

提问是问题定义能力的重要工具之一，下面简单总结了提问时常见的设问方向。

- 了解现状："当前的流程是怎么样的？""这个问题经常发生吗？""你们如何处理这些情况？"
- 深入探索："最困扰你的问题是什么？""是什么导致了这个问题？""你认为主要 / 次要原因是什么？"
- 确认细节："你能描述你的具体想法吗？""这个功能必须包含什么？""你认为有什么特殊要求或限制吗？"
- 发散挑战："你觉得是否存在或遇到什么风险？""为什么流程不能改变？""有没有其他可能性？"
- 明确需求："你希望达成什么目标？""优先希望实现什么功能？""该功能是否是这样的：……？"

想要将问题定义清晰，一方面要对问题情境深入调研，另一方面是对其他细分角色的工作内容有基本认知。特别是在定义其他用户的问题时，较强的问题定义能力将显著提升用户和细分角色的感受和效率，这也是初学者最难察觉的编程思维能力。所以当你在定义自己提出的编程问题时，要学会向自己发问，明确内心的目标和要求，逐步培养问题定义的能力。持之以恒，它便能慢慢迁移到你在其他领域定义问题的能力！

思维 7：实验迭代

知识永远学不完，你将在本书第二部分中学习 9 种编程思维，使用它们驾驭你已知的和未来无尽的编程知识。

实验迭代

A：以小步实验、逐步添加功能的方式创作编程作品。

B：结合团队和用户的反馈，不断完善编程作品，以满足用户需求。

测试调试

算法设计

抽象建模

系统设计

问题分解

问题定义

作品创造

作品分析

什么是实验迭代

　　生活、学习、工作中的目标都是持续深化的：我们不太可能一次性完成大目标，而是一个目标一个目标分阶段完成；在完成一个阶段目标之后，新的阶段目标再次出现，激励我们前行。编写程序也不例外，即便解决了被清晰定义的问题，它仍然会随着用户和系统的交互而得到越来越多的反馈，促使我们不断更新、迭代、修正、优化系统。如果说"测试调试"是"失败乃成功之母"，那么"实验迭代"就是"成功乃成功之母"；测试调试让我们在已经出现的、潜在的错误中学习，而实验迭代让我们在源源不断的反馈上持续学习。

　　实验迭代是进步和创新的关键，它的核心理念是：没有人能够一开始就完美地达成所有目标；相反，我们需要不断地实验新的想法，听取他人的反馈，在心态上接受失败。事实上，实验迭代不仅仅是技术过程和思维方式，更是一种理解世界的方式。在这个快速变化的世界里，我们需要接受万事万物总是在变化和发展的。当接受了这个观念，我们就可以更积极地面对挑战，更积极地寻找机会，更积极地创新。

　　实验迭代是一种小步快跑式的、逐步实现目标的方式，它包含两个核心思维能力。

　　从微观视角看，实验是强调"做"的过程。在编程的过程中，实验迭代是提升代码质量的关键思维方式。当我们写一个复杂的功能时，一次性完成并期待它能完美无误地运行是不现实的。实验迭代的策略是先实现其独立的一小部分，验证它的正确性，再添加更多部分。这样的方法有两个优点：第一，当错误出现时，我们能够更容易地定位并解决问题；第二，也是最重要的，我们能够持续地看到进展，避免了在一开始就承担过大的风险和压力，这对于保持动力和信心很有帮助。

　　从宏观视角看，实验迭代强调"改"的过程。在我们的创作过程中，反馈是非常重要的，它可能来自团队成员，也可能来自用户。反馈包含了很多不同的方面，如交互、可用性、无障碍性、年龄适宜性、配色、便捷性等。我们需要倾听这些反馈，理解反馈者的意图，然后改进程序。倾听反馈需要深度的理解力和洞察力，以识别出有价值的反馈，挖掘反馈背后的真问题。

　　实验迭代包含如下子能力。

　　A. 以小步实验、逐步添加功能的方式创作编程作品。

　　B. 结合团队和用户的反馈，不断完善编程作品，以满足用户需求。

　　下面我们一起在探究活动中实践，逐步掌握这 2 个子能力。

实验迭代 A：以小步实验、逐步添加功能的方式创作编程作品

我们通过一个简单的问题来掌握小步实验的策略。问题情境是：班主任让你使用 Python 帮他整理成绩数据，他给了你两个文件"学生信息 .csv""学生成绩 .csv"（在学习网站中下载），希望你找到每个班级平均分最高的同学。

第一步：了解文件（在学习网站中查看"什么是 CSV 文件"）
使用办公软件打开它们。你认为两个文件是什么关系？
为什么两个文件都有学号？

提交你的想法
学习其他人的想法

第二步：把文件中的数据读取到程序中
我为你提供了一个函数 read_csv_file，参数是 csv 文件的路径。

提交你的代码
学习其他人的想法

读取后发现数据类型是列表，第一个元素是表头，第二个元素是文件中的第二行数据，以此类推。这种形式的数据不便于后续处理，所以我希望你将它们修改为 [{'学号': '1', '姓名': 'xx'}] 的形式。实验迭代的精髓是用最小的、等价的形式来实验出有效的代码。

第三步：数据类型转换
编写一段把 [['a', 'b'],[1, 2],[3, 4]] 转换为 [{'a': 1, 'b': 2},{'a': 3, 'b': 4}] 的代码。
提交这段实验性质的代码。自行将其用于成绩统计的程序中。

提交你的代码
学习其他人的想法

第四步：处理异常值，确保数据在被处理前是"干净的"、合规的
你发现数据中存在什么异常的数据吗？提交你的想法。
提交之后，听用户说说怎么处理这些异常值。

提交你的代码
学习其他人的想法

提交一段实验性质的代码：将列表 [{'a': 1, 'b': 2},{'a': 3, 'b': 4}] 中键 b 的值为 4 的元素删除。
注意算法应具有通用性，例如算法也可以删除键 b 值为 2 或 3 的元素。
自行将其用于成绩统计程序中。

提交你的代码
学习其他人的想法

第五步：数据合并
合并两个变量中相同学号的数据，以便于后续统计工作。
提交一段实验性质的代码：将

提交你的代码
学习其他人的想法

[{'id': 1, 'a': 2},   {'id': 3, 'a': 4}] 和
[{'id': 1, 'b': 2},   {'id': 3, 'b': 4}] 按照 id 相等合并为
[{'id': 1, 'a': 2, 'b': 2}, {'id': 3, 'a': 4, 'b': 4}]。自行将其用于成绩统计程序中。

若等价实验都准确，则结果大概率也无误。剩下的就交给你了，在学习网站查看统计结果。虽然存在更简洁优雅的数据处理方法，但从笨办法入手能让你有机会更加深入地理解高级技巧。从长远来看，走一走弯路有时会让你的学习、生活、工作更有效，立竿见影的直线不一定总是最好的选择。

实验迭代 B：结合团队和用户的反馈，不断完善编程作品，以满足用户需求

反馈来自内部团队，更多来自外部用户。收集反馈的方法众多：调查问卷、当面沟通、观摩操作等。作为 PM 的你带领团队创作了名为"背单词"的应用程序并已投入使用。为了了解使用情况，你设计并发送了调查问卷。

关于背单词应用程序的用户反馈问卷

Q1：您在使用我们的背单词应用程序时，觉得最有用的功能是什么？

Q2：在使用过程中，您是否遇到过任何困扰或问题？如果有，请详细说明。

Q3：您是否有在使用其他背单词应用时，觉得特别喜欢或有帮助的功能？如果有，请详细说明。

Q4：您希望我们的应用在未来的版本中添加或改进哪些功能？

Q5：您对我们的应用有哪些其他建议或反馈？

现已回收 5 份有效的问卷，请你分析接下来如何迭代程序。常见思路是分析用户需求，将它们分类为紧急 / 不紧急 × 重要 / 不重要共 4 类。例如，某些问题影响了使用流程，则将它归为紧急和重要的一类，优化的优先级最高。

在学习网站上查看这 5 位用户填写的反馈问卷。

尝试分析接下来要如何迭代程序，并说明原因。

提交你的想法
学习其他人的想法

与调查问卷不同，面对面沟通是一种相对低效的方式，需要花费更多时间和精力。但是它能帮助我们更加深入地理解用户的需求，进一步揭示本质。当面沟通没有固定模式，是一种你一言我一语的意识流，所以你作为 PM 要有较强的引导能力和总结能力：设计访谈提纲，启发用户思考，察觉模棱两可的观点，挖掘语言背后的需求，结构化访谈对话中的杂乱信息。可以看出实验迭代不只是单纯的编程能力呢！

第二个探究活动继续围绕背单词程序，请你观察我和一位用户的访谈过程。

在学习网站上观察我和用户的对话内容，分析后续迭代策略，并说明原因。

提交你的想法
学习其他人的想法

收集用户反馈数据的过程中存在着一个明显的矛盾：访谈虽然费时，但是其效果却十分出色，能深度洞察用户需求和问题；调查问卷虽然在短时间内获取大量数据，效率高，但效果却有限。实践中，我们会混合使用各种方法，既保证反馈数据的深度，又保证收集的效率。

本书很难在实操层面教会你如何设计提纲，如何结构化用户访谈内容，如何在各种反馈中抽丝剥茧，但是你可以使用这些视角，有意识地制定实验迭代的策略，在实践中逐步提升自己实验迭代的能力。

思维 8 与思维 9：作品创造与作品分析

知识永远学不完，你将在本书第二部分中学习 9 种编程思维，使用它们驾驭你已知的和未来无尽的编程知识。

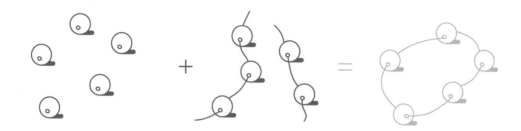

作品创造

A：评估已有的功能模块，将其复用到自己的设计中。

作品分析

A：解释代码片段如何工作，分析代码片段或整个系统的运行结果。
B：评估编程作品是否符合目标用户的需求。
C：从外观界面和交互方式、模块化和层次化角度评估系统。

测试调试

算法设计

抽象建模

系统设计

问题分解

问题定义

实验迭代

什么是作品创造

每个工程和程序都是独一无二的艺术"作品","创造"强调设计开发过程中的创造力,因此作品创造就是创造性地整合技术的过程。作品创造能力从创造目的上讲,可以分为基于已有期望效果的创造,基于个人兴趣爱好的创造,基于现实需求问题的创造,解决社会性问题的创造;从创作形式上讲,可以分为模仿已有作品,改编已有作品,复用已有模块,设计可复用的模块。本书核心关注复用已有模块的创作形式。

复用即重复使用已有的功能模块,之前使用 import 标准库中的 random、math、time、os、uuid 模块都是复用行为。除了像标准库和第三方库(学习网站中的"番外篇:使用第三方库"会为你简单介绍第三方库)这样提供了标准化的、封装好的模块供导入者直接使用的复用形式外,还有一类间接复用的形式:通过搜索引擎检索或人工智能生成当前问题的解决方案,再加以修改后复用。在实践中,间接复用是更为常见的创作形式。

作品创造包含如下能力。

A. 评估已有的功能模块,将其复用到自己的设计中。

什么是作品分析

他山之石,可以攻玉。作品分析能够揭示程序的内在逻辑,解码代码的意图,理解其整体架构和设计理念。分析角度可以是较低层级的,如阅读代码并解释其运行原理(程序员常说阅读他人的代码能提升自己的能力,任何领域皆如此);也可以是较高层级的,如从问题定义切入,分析程序是否符合用户的要求,从系统设计切入,分析交互设计、模块化和层次化设计。可以看出,作品分析能力不仅仅是一项技术活,它还将在侧面提升你的软实力,特别是让你拥有用户思维:站在用户的立场看待问题(如分析用户习惯、用户交互体验、用户感受等)。

作品分析包含如下子能力。

A. 解释代码片段如何工作,分析代码片段或整个系统的运行结果。

B. 评估编程作品是否符合目标用户的需求。

C. 从外观界面和交互方式、模块化和层次化角度评估系统。

本书将"作品创造 A"和"作品分析 A"进行合并练习。为了让你获得更加真实的学习体验,你将在第三部分中分析其他读者的程序,以提升自己"作品分析 A"、"作品分析 B"和"作品分析 C"的能力。

下面我们一起在探究活动中实践,逐步掌握前两个子能力。

作品创造 A 和作品分析 A

在遇到无法解决的技术问题时，我们会向外求助，最常见的手段是问其他人、使用搜索引擎、让人工智能生成。获取答案后不能直接使用，而要先评估外部信息的质量（作品分析 A），再复用到自己的设计中（作品创造 A）。下面以搜索引擎和人工智能为例，尝试解决编程中的技术问题。

第一部分项目 3 中基础知识训练营 3-1 的前两道题目非常适合使用搜索引擎来解决。基础知识训练营 3-1 第 1 题是判断闰年的程序，基础知识训练营 3-1 第 2 题是将列表中的字符串（'2010-1-1', '2010-1-02', '2010-12-1', '2010-12-02'）处理为较为标准的格式（月份和天数必须占两个字符，不足的前面补 0）。

以基础知识训练营 3-1 第 1 题为例，你认为如何设置搜索引擎的关键词？
- 把这道题完整地输入到搜索引擎中
- "什么是闰年"
- "Python　闰年"
- "闰年程序怎么写"

参与投票

请尝试使用搜索引擎完成基础知识训练营 3-1 第 1 题和第 2 题。
提交你的关键词或最终代码。

提交你的想法
学习其他人的想法

使用文本对话类的人工智能解决编程问题是一种更为高效的手段。既然如此，为什么还要使用搜索引擎呢？因为矛盾永远存在，它有一个弱点：参考答案是生成式的。这里不去详解"生成"的准确含义，目前你只需要知道人工智能生成的答案可能存在错误，需要你加以甄别，万不可全信。另外，学会引导人工智能生成你期待的结果也是重要的能力，不过这超出了本书的讲解范围。

文本对话类的人工智能工具使用方法非常简单（注册和使用方法参考学习网站），你一言它一语，就像聊天一样。你提供的内容称为"提示词"，即提示人工智能生成后续内容的文本。

尝试把项目 4 中基础知识训练营 4-2 第 8 题的星座题完整地输入到人工智能工具中，看看它会给你什么反馈吧。

在学习网站上复制这道题的全文，然后直接粘贴到文本对话类人工智能工具中。
如果你对答案不满意，尝试持续和它对话。对代码进行检查或修改，确保符合要求。
最后提交你们的聊天记录。

提交你的想法
学习其他人的想法

再次提示：一定要批判地看待人工智能的任何产出哦，它有时会"一本正经地胡说八道"！

总结

第二部分的 9 种编程思维能力到这里就结束了，有没有按照约定在两周内完成呢？探究活动全部都完成了吗？我们总结一下第二部分涉及的新编程知识。思维能力的总结位于第三部分的开篇。

捕获异常：try: ... except Exception as e: ...

抛出异常：raise Exception('...')

新的循环方式：for i in range(len(列表))、while True 配合 break

新的数据类型：布尔值 True/False、空值 None

datetime 模块：datetime.now()、datetime.year、datetime.month、datetime.day、timedelta

转义符：\' \" \n \\

跨行注释：本质上是跨行字符串，它由一对三个单引号或双引号构成，用于函数下方则可以配合 help 函数

time 模块：time.time() 获得时间戳，时间戳可以相减计算时间差

math 模块：math.sqrt()、math.isqrt()

常用函数：max(..., key=...)、min、sorted(..., reverse=True, key=...)、print(end=")

os 模块：os.listdir()、os.path.exists()、os.rename()、os.path.isfile()、os.remove()

全局变量：函数内使用 global 命令可以使用函数外定义的变量

新的字符串函数：endswith()

新的判断语句：if None 结果为假，if 空列表结果为假

uuid 模块：str(uuid.uuid4())，用于生成实体的唯一性属性

其他概念：状态图、工厂函数、数据持久化、序列化/反序列化

pickle 模块：with open(路径, 'rb') as f: data = pickle.load(f)、with open(路径, 'wb') as f: pickle.dump(data, f)

新的导入方法：from 模块名 import *

判断是否从本模块启动：if __name__ == '__main__'

如果确认自己都已掌握，那么准备进入第三部分吧！我们开始运用编程思维解决问题。

第三部分

用编程思维解决问题

你将在本书第三部分中运用第一部分的编程知识和第二部分的编程思维来解决两个问题。

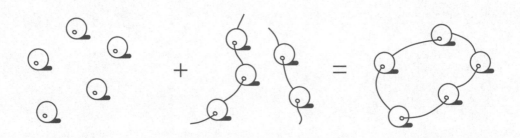

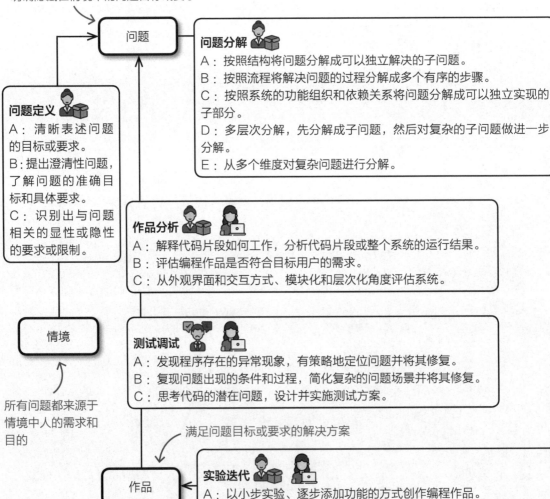

明确隐藏在情境中的问题目标或要求

问题

问题分解
A：按照结构将问题分解成可以独立解决的子问题。
B：按照流程将解决问题的过程分解成多个有序的步骤。
C：按照系统的功能组织和依赖关系将问题分解成可以独立实现的子部分。
D：多层次分解，先分解成子问题，然后对复杂的子问题做进一步分解。
E：从多个维度对复杂问题进行分解。

问题定义
A：清晰表述问题的目标或要求。
B：提出澄清性问题，了解问题的准确目标和具体要求。
C：识别出与问题相关的显性或隐性的要求或限制。

作品分析
A：解释代码片段如何工作，分析代码片段或整个系统的运行结果。
B：评估编程作品是否符合目标用户的需求。
C：从外观界面和交互方式、模块化和层次化角度评估系统。

情境

测试调试
A：发现程序存在的异常现象，有策略地定位问题并将其修复。
B：复现问题出现的条件和过程，简化复杂的问题场景并将其修复。
C：思考代码的潜在问题，设计并实施测试方案。

所有问题都来源于情境中人的需求和目的

满足问题目标或要求的解决方案

作品

实验迭代
A：以小步实验、逐步添加功能的方式创作编程作品。
B：结合团队和用户的反馈，不断完善编程作品，以满足用户需求。

编程知识是解决问题的基础，编程思维是运用知识解决问题的策略和方法，把编程思维串联起来便可以解决问题。解决问题的过程包含 3 个基本角色：产品经理 、开发工程师 、测试工程师 ，你将在第三部分同时扮演它们（根据问题复杂程度还有项目经理、需求分析师、系统架构师、前端工程师、后端工程师、UI 设计师、运维工程师等）。

你是否发现，第二部分的前 6 种思维是以"倒叙"形式展开的：掌握测试调试能力才能验证算法正确性，写出正确的算法才可以抽象出模型和层次，理解模型和层次有助于恰当地分解问题，问题分解结果又取决于问题定义清晰与否。掌握编程思维的顺序大致如此，不过解决问题时却要"正叙"展开，专家正是这样解决问题的。实际上，解决问题的顺序没有严格设定，只是大致如下图流程所示。

接下来我们从两个情境出发来解决问题，运用你学过的所有编程知识，把这些思维能力串联一遍。

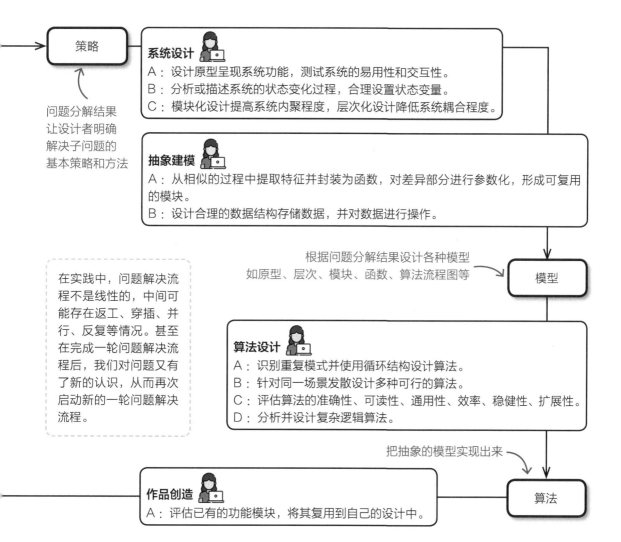

策略

问题分解结果让设计者明确解决子问题的基本策略和方法

系统设计
A：设计原型呈现系统功能，测试系统的易用性和交互性。
B：分析或描述系统的状态变化过程，合理设置状态变量。
C：模块化设计提高系统内聚程度，层次化设计降低系统耦合程度。

抽象建模
A：从相似的过程中提取特征并封装为函数，对差异部分进行参数化，形成可复用的模块。
B：设计合理的数据结构存储数据，并对数据进行操作。

根据问题分解结果设计各种模型
如原型、层次、模块、函数、算法流程图等

模型

在实践中，问题解决流程不是线性的，中间可能存在返工、穿插、并行、反复等情况。甚至在完成一轮问题解决流程后，我们对问题又有了新的认识，从而再次启动新的一轮问题解决流程。

算法设计
A：识别重复模式并使用循环结构设计算法。
B：针对同一场景发散设计多种可行的算法。
C：评估算法的准确性、可读性、通用性、效率、稳健性、扩展性。
D：分析并设计复杂逻辑算法。

把抽象的模型实现出来

算法

作品创造
A：评估已有的功能模块，将其复用到自己的设计中。

问题1：任务清单 ←

我要逐步撤掉你学习的梯子了
在解决问题 1 的过程中，你将无法在学习网站上
看到其他人的想法
在解决问题 2 的过程中，你将失去所有提示！

经过第二部分的编程思维练习，我相信你已经可以独立面对一些简单问题了，下面让我们开始吧！问题源于情境。在学习网站上观察 PM 和他的朋友的对话。

> 提交你的想法
>
> 你认为当前的问题是什么？换言之，目标或要求是什么？

问题定义完毕后，尝试分解该问题。

> 提交你的想法
>
> 你已经明确了问题的目标或要求，那么如何分解这个问题呢？

问题定义和问题分解都完成后，你的脑海中原型图是否越发明晰呢？

> 提交你的原型
>
> 在学习网站中绘制原型图并上传。

实践中，确认原型是否合适是一个关键动作。我们还需要给用户呈现原型，让他确认整体功能是否符合预期。如果不符合预期，则重复问题定义、问题分解、设计原型并再次确认。为什么这很关键？如果你在程序开发完毕后，充满期待地展示给用户，他却说"这不是我想要的，我想要的应该是……"，那么此时你的内心深处必是万马奔腾。程序开发前先行确认原型的好处显而易见，我们先假设用户已经对你的原型非常满意。是时候完成这个程序了。

> 尝试开发程序：
> - 设计系统的层次。简单程序可以不划分任何层次，不过你也可以视它为刻意练习的机会。
> - 设计各层次中的模块。如果存在多个模块，则注意模块应是高内聚低耦合的，即依赖接口而非具体实现。
> - 设计系统的实体。请你判断是否要为实体添加唯一性属性。
> - 设计每个模块中的算法。
> - 创作过程可以充分借助搜索引擎和人工智能工具。
> - 整个设计过程采用小步迭代的方式：做一点测试一点，确保每个小步骤的准确性。
> - 为模块添加测试代码。
>
> 其他建议：
> 提交你的代码
> - 如果你决定标记实体的唯一性属性，那么建议使用成熟方案，思维 3 结尾处有示例。
> - 这个程序的状态图非常简单，你也可以视它为刻意练习的机会。

新一轮迭代

实验迭代 B 强调我们要结合用户反馈不断完善作品，所以程序不是一次性的工作。用户需求是多变的，这意味着系统的迭代和重新构建，我们应积极拥抱这一点。假设用户使用任务清单程序有一段时间了，他有了一些新的想法。在学习网站上再次观察 PM 和他朋友的对话，准备重新定义问题。

你认为这轮迭代要解决的问题是什么？

我们对任务清单程序的问题又有了新的洞察，准备重新分解问题。

基于用户新的需求和已有程序，再次分解问题。

迭代之前的原型。

优化之前的原型（你可以直接导入刚才设计的原型），并上传到学习网站中。

假设新的原型符合用户的预期，接下来完成程序的迭代。

修改之前的程序，完成新一轮的迭代。

我们解决了问题 1。尝试分析看看其他人的作品，在反思中学习，这就是思维 9 的作品分析 A、作品分析 B 和作品分析 C。

思维 9 已解锁！进入学习网站的思维 9，系统将随机挑选 1 位读者的作品，请你分析它。
分析角度包括作品否满足用户需求、原型、层次 & 模块设计、算法、测试方案等。

或许你有疑惑：问题 1 有必要层次化和模块化吗？单个文件不行吗？好问题。学习网站中同步解锁了番外篇，你将体验到层次化和模块化的"魔力"。在示例 1 中，若单独替换 view 模块则改进交互方式为图形化界面；在示例 2 中，若单独替换 data 模块则改进持久化方式为网盘；在示例 3 中，分别替换 view 和 data 模块则同时获得这两个升级功能。在所有示例中，作为枢纽的 operation 模块从未发生改变。每个模块各司其职（高内聚），模块与模块之间依赖接口（低耦合），只要接口不发生变化，模块就可以独立改变而不影响其他模块。虽然你可能无法读懂 view_gui.py 和 data.py 中代码的含义，没有关系，现阶段只要感受到"系统设计编程思维"带来的价值就足够了。

问题 2：密码管理

学习网站上没有第 2 个问题的任何讲解，你将独立面对这个问题，是时候考验一下自己了。在学习网站上观察 PM 和他的朋友的对话。

你认为当前的问题是什么？如何分解这个问题？原型图如何设计？　　提交你的想法和原型

假设用户已经对你的原型非常满意。准备完成这个程序。

尝试开发程序。如果足够熟练，你可以尝试三个层次的模块同时开工。　　提交你的代码

设计系统实体时，请你判断是否要为实体添加唯一性属性。

发挥作品创造 A 的思维能力：评估问题 1 的功能模块并复用到问题 2 中，不要重复造轮子。

新一轮迭代

假设很多人已经使用了该程序，你为了了解用户使用情况，设计、发送、回收了调查问卷。在学习网站上分析部分调查问卷，观察 PM 和用户的对话访谈。注意，你作为 PM 要准确定义问题：识别核心任务；排除不合理的、非关键的需求，而非来者不拒；在抱怨声和只言片语中察觉并深挖出真正的需求。抓重点、做减法和优先级排序对于解决任何领域的问题都至关重要。

通过分析问卷和访谈，你认为当前的问题是什么？注意：拒绝需求需要说明原因。

如何分解这个问题？将分解结果按照紧急 / 不紧急 × 重要 / 不重要分为 4 类，并说明分类原因。

接着优化迭代之前的原型图（你可以直接导入刚才设计的原型）。　　提交你的想法和原型

假设用户已经对你的原型非常满意。准备完成这个程序。

提交该代码后，学习网站将开放我的参考程序和讲解。

第三部分的两个问题到这里就结束了，有没有按照约定在一周内完成呢？想要充分释放编程思维的能量，以及顺畅运用编程思维来解决问题，你还需要掌握更多编程知识和领域知识（如 Web 开发、办公自动化、密码学、人工智能），并在真实的问题情境中磨砺自己的编程思维。最后我们扩展一些其他常用的 Python 知识，希望这些内容能助你在 Python 旅途上更进一步。

本书未涉及的常用 Python 编程知识

以下知识一学就会，建议你发扬"实验迭代 A"的精神，即刻动手测试。

• 变量名可以使用中文（和 emoji 等所有 Unicode 字符），在某些场合（如术语）会大幅提升代码的可读性。

```
诗歌库 = [{...}, ...]
格律 = '绝句'
韵脚 = ['...', '...']
```

• 除了使用 type 判断变量的类型外，还有一个常用函数 isinstance。以下 print 均输出 True。

```
x = 10
print(isinstance(x, int))
```

```
y = 10.5
print(isinstance(y, float))
```

```
s = 'hello'
print(isinstance(s, str))
```

```
lst = [1, 2, 3]
print(isinstance(lst, list))
```

```
d = {'a': '1'}
print(isinstance(d, dict))
```

```
z = 10.5
# 检查多个类型
print(isinstance(z, (int, float)))
```

• 严格地讲，x == None 并不准确，推荐写为 x is None 或 x is not None。is 运算符可以判断左右两侧的对象（或变量标签链接的对象）是否是同一个对象。

```
a = [1, 2, 3]
b = a
print(a is b)  # True
```

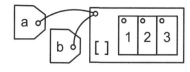

• 如果 if-else 比较简单，可以使用单行 if。

```
age = 17
status = 'adult' if age >= 18 else 'minor'
```

• r 字符串会忽略所有转义符，常见于文件路径和正则表达式（之后讲解）。

```
path = r'C:\Users\Username\Documents\file.txt'
```

• 除了使用"for 键 in 字典"遍历字典外，实践中也常使用字典的 items 方法进行遍历。该方法将返回一个集合性质的对象，其每个元素都是代表了键值对的元组（之后讲解）。

```
person={'name': 'Alice', 'age': 30, 'job': 'Engineer'}
for key, value in person.items():
    print(key, ':' , value)
```

- 字典有一个非常便利的方法 get。如果键 key 不存在，那么 d[key] 抛出异常，此时使用 d.get(key, 默认值) 直接获取默认值。当不确定 key 是否存在时，get 可以帮你减少一个 if 判断。

```
colors = {'apple': 'red', 'banana': 'yellow'}
print(colors.get('apple', 'unknown'))  # red
print(colors.get('cherry', 'unknown'))  # unknown
```

- 除了列表和字典外，集合和元组也是常用的集合性质的数据类型。集合的特点是元素不重复，且集合的元素没有顺序，所以不能使用 [] 获得元素，添加删除元素如下左侧所示。集合有什么用？第一，去除重复元素；第二，计算交集、并集、差集，如下右侧所示。

```
s = {1, 2, 3}
# s = {}  # 这个是空字典，不是空集合
s = set()  # 创建空集合
s = set([1, 2, 3])  # 等价与s={1, 2, 3}
s.add(4)
print(s)
s.remove(4)
print(s)
```

```
lst = [1, 1, 2, 3]
print(list(set(lst)))  # [1, 2, 3]
```

```
a = {1, 2, 3, 4}
b = {3, 4, 5, 6}
print(a & b) # 交集 {3, 4}
print(a | b) # 并集 {1, 2, 3, 4, 5, 6}
print(a - b) # 差集 {1, 2}
```

- 元组和列表非常相似，区别是元组创建后不可变，创建元组方法如下所示。元组有什么用？第一，明确表达数据不可修改，例如经度、纬度、高度、坐标等常量；第二，用于解包。

```
a = tuple(['apple', 'banana', 'cherry'])
# 等价于 a = 'apple', 'banana', 'cherry'
# 等价于 a = ('apple', 'banana', 'cherry')
print(a[1])  # banana
a[1] = '1'  # 抛出异常
```

```
def f(): return 1, 2, 3  # 返回元组
a, b, c = f()  # 解包：将元组拆给三个变量

a, b = b, a  # 交换a、b

for k,v in 字典.items(): ...   # 将元组解包到 k 和 v 变量
```

- 遍历列表时使用 enumerate 可以快速生成下标。

```
a = ['apple', 'banana', 'cherry']
for idx, i in enumerate(a):  # 解包元组
    print(idx, i)   # 依次输出 0 apple、1 banana、2 cherry
```

- 当暂时没有想好某部分代码如何编写时，除了使用 pass 外，还可以使用一个特殊的变量 ...。如 if lst: ... 表示分支结构内部暂时什么都不做，def f(a=...): 表

示默认参数暂时没想好，先设置为占位符，之后再完善补充。

• 推导式是 Python 的强大工具，它提供了更简洁的方法来创建列表和字典等数据结构，使用频率极高！本书几乎所有对列表的遍历都可以使用推导式缩写，这更 Pythonic（即写得既简洁又符合 Python 设计哲学的代码）。

```
squares = []
for i in range(10):
    squares.append(i**2)
print(squares)
```

```
squares = [i**2 for i in range(10)]
print(squares)
```

```
words = ['apple', 'dog', 'cat',
         'banana', 'grape']
long_words = []
for i in words:
    if len(i) > 3:
        long_words.append(i)
print(long_words)
```

```
words = ['apple', 'dog', 'cat',
         'banana', 'grape']
long_words = [w for w in words
              if len(w) > 3]
print(long_words)
```

• 正则表达式是文本处理的好帮手！假设列表元素为分辨率数据，但列表元素的格式非常混乱：

```
resolutions=[    '1920 X1080PX', '1280x720', '800 X 600Px',
                 '1024 PX x 768 px', '2560y1440', '3840 x2160',
                 '1440 PX x 900', '640 * 480' ]
```

如何将所有宽高都乘以 2？观察发现字符串中有空格，px 大小写不一，中间有 x、X、* 符号，非常混乱。这种情况用正则表达式来处理正合适。

```
import re
def double_resolution(s):
    match = re.match(r'^(\d+)\s*(?i:px)?\s*[xX*]\s*(\d+)\s*(?i:px)?$', s)
    if match:
        width = int(match.group(1)) * 2
        height = int(match.group(2)) * 2
        return f'{width}x{height}'
    return None
result = [double_resolution(res) for res in resolutions]
```

相信你可以在未来的学习之旅掌握这段"咒语"的含义

复制代码

只要字符串有规律，基本都可以使用正则表达式进行验证、查找、替换等操作。你也可以通过 AI 工具或搜索引擎看看"正则表达式能解决什么问题"。

• any 和 all 函数分别可以统计是否有任一元素为 True、是否所有元素为 True。在学习网站复制代码。

还有一些本书未涉及的知识：可变 / 不可变对象、lambda、高阶函数 map\reduce\filter、* 和 ** 解包、装饰器、生成器、try 的 finally 块、面向对象、函数参数的 / 和 * 标记、虚拟环境。期待你在未来学习中逐步掌握。

写在后面：像专家一样思考和解决问题

这一次，你和编程专家有什么不同？

你已经学习了不少 Python 编程知识、通用的编程思维以及如何运用编程思维解决问题，你已经不是昨天的你了。

最初的你	现在的你	编程专家
阶段 1：感兴趣，愿意尝试（你对编程的感性认识）		
你对编程有所耳闻，可能已听说过 Python，但尚未真正深入。你的兴趣可能基于零散的信息或是其他人的分享，但内心充满探索的热情。	你对 Python 建立了基本认知，不再是一知半解，你通过项目练习感受到编程的乐趣。你开始明白编程不仅是代码，更是思维方式和解决问题的方法。	他们对编程有深厚的感情，深知编程的各种可能性。他们是主动的学习者，常作为这个领域的探索者和创新者，持续关注技术动态，寻找学习和应用的机会。
阶段 2：熟悉基本概念和规则（对应本书的第一部分）		
你尝试编写简单的代码，对变量、函数等基本概念有所了解但未完全掌握。在遇到错误时可能会感到困惑，不知道如何有效地解决问题。	你不仅知道了 Python 的基本概念，而且能够通过项目来熟练运用。你已经不再害怕错误和挑战，因为你知道如何使用工具和资源来解决它们。	他们对概念和规则如数家珍，不仅仅满足于表面的知识，而是深入到其背后的逻辑和理论。他们不仅知道"如何"，更知道"为何"，始终寻求最佳实践。
阶段 3：发现技巧和策略（对应本书的第二部分）		
你开始发现一些常见的模式、方法和技巧，但还不能熟练掌握。你可能会在网上搜索代码片段帮助自己，但"拿来的"并不总是最优的。	你已经掌握了一些技巧和策略。你知道如何设计简单算法，如何模块化和层次化，如何有效地测试和调试，以及如何分解问题、定义问题和优化迭代。	他们具有丰富的编程经验，能够灵活地运用各种技巧和策略来解决问题。他们的代码既高效又简洁，每一行都体现出深厚的经验和洞察力。
阶段 4：发现规律和原理（对应本书的第三部分）		
你开始意识到编程背后的一些规律，但可能无法将其与大的背景联系起来。你可能知道如何使用某个工具，但不完全清楚背后的原理。	你已经开始尝试深入探索编程思维的核心原理。你不仅仅满足于使用工具，更希望了解其背后的规律和原理，从而做出更明智的决策。	他们对编程的原理和规律有深入的了解，能够从抽象原理出发来构建复杂的系统。他们知道每一个决策背后的理由，能够预见潜在的问题并提前做出应对。
阶段 5：将上述内容组织为理论和方法，并且无意识地、直觉地运用（你对编程的理性认识）		
你对于编程的大框架和理论体系还知之甚少。你在写代码时，往往还需要时常查阅资料和示例。	你已经开始形成自己的编程思想，知道如何有效地将知识和技能组织起来，并在实际项目中应用。你可以更自信地面对新的挑战。	他们已经有了完整的理论体系，能够直觉地运用各种知识和技能。他们的决策基于深厚的经验和广阔的视野，始终走在技术的前沿。

给你一些后续学习建议

下面为未来编程专家的你提供了一些学习建议。

- **夯实基础。**本书的 Python 知识只是最基础的部分，而且你的练习量和代码量还远远不够，建议你多寻找基础学习资料继续夯实 Python 编程基础知识。在此过程中你还可以尝试深入某些 Python 高级特性，尝试了解背后的实现原理和机制，关注每次 Python 升级的新版本特性，实时更新自己的知识库。

- **在特定领域问题和项目中学习。**常见的领域包括 Web 开发和数据库、数据分析和数据科学、机器学习、人工智能、办公自动化、网络爬虫、科学计算、网络安全、GUI、金融分析、图像处理、物联网等。虽然编程思维是通用的，但是不同领域下的知识体系迥异，仍然需要大量学习、练习、实践，才有可能达到某个领域的专家水平。建议你选择一个热爱或感兴趣的方向，然后持续深入挖掘。

- **解决你自己的问题。**没有什么比解决真实问题更有助于学习的。当你遇到问题时，尝试编写代码来解决它，无论这个问题多么小或简单。通过这种方式，你不仅能够增强自己的实践能力，而且可以在实际问题中发现自己的不足和需要改进的地方。

- **多多求助。**使用人工智能、搜索引擎、社区论坛等资源。当遇到难以解决的问题时，不要害怕向他人求助。你的身边潜藏着大量的开发者和专家，他们的知识和经验可以帮助你更快地成长和跨越当前的障碍。

- **选择适合自己的学习方法和学习材料。**每个人都有适用于自己的学习方法，一些人更喜欢通过视频学习，而另一些人则更倾向于阅读书籍或在线教程。选择最适合你的学习方式，这将大大提高学习效率。此外，每个人都有自己的学习阶段和路线，找到最匹配当下境遇的学习材料，仔细甄别其他人觉得好的材料。

- **阅读他人的代码。**这不仅可以帮助你学习新的技巧和方法，还可以让你理解更多的编程风格和最佳实践。当你阅读他人的代码时，尝试理解其背后的逻辑，同时关注那些你之前没注意或不熟悉的代码实现技巧，并思考如何改进它。

- **反思自己的代码。**时常回头看看自己过去写的代码，思考它的优点和缺点，考虑是否有更好的实现方法。这样的自我反思能让你持续进步，避免重复过去的错误，同时可以帮助你发现自己的编程风格，以及在不同项目中如何更好地应用和改进自己的代码。

祝你的编程旅途一切顺利！

后　记

我在 2018 年 6 月写完《Scratch 高手密码》这本书后就一直想写一本面向大众的 Python 入门图书，并持续构思。2019 年 9 月，我尝试和两位同事利用周末完成创作，虽然已经做了调研工作，奈何临时紧急项目占用了我们大量周末时间，写作计划作罢。2020 年 9 ~11 月，我继续启动写作计划，并尝试创作了前两个章节，但因为工作太忙再次停滞。此时图书的设计方案小有巧思但总体仍较为传统，我并不是很满意。2022 年 3 ~10 月，我的女朋友聂小云决定重启项目，她重构了目录并计划融入短视频、直播、练习系统等形式，奈何后因家事停止了该项目。至此，它成了我的心病：苦于未对热爱之物全力以赴。2023 年 3 月，我终于下定决心离职，我想用尽全力完成这本"奇葩"图书的创作，不留遗憾，之后历时半年完成了这本堪称 Python 图书界中最薄的图书。

是的，放眼 Python 图书市场，本书的厚度过于另类，以至于我都偶尔自嘲：这点内容竟然要搞半年。实际上，越简单的东西设计起来越复杂，我仅把本书视为教育产品的一部分，即学案，构思其设计思路用时 1 个月。作为完整的教育产品，在学习周期中应当尽可能提供支撑，所以产品还包含了配套学习网站，它内置了教学视频、交流平台、拓展资料，而建设学习网站和准备相关资料就用了 3 个月，真正的写作时间仅用了 2 个月。

作为将教育理论技术化和商业化的教育产品，市场调研、问题定义、设计开发、测试迭代等环节必不可少。通过调研发现，市面上 Python 入门图书大都以编程知识为核心，缺少快速建立编程整体认知的内容。知识固然有助于解决编程问题，非常重要，但对初学者来说，如果不能将解决编程问题的能力进行拆分练习，寄理解[○] 的希望于学习者自行顿悟或依靠他人经验技巧策略的口口相传，那么入门体验会导致一个结果：学习者掌握了不少知识，但仍然没有方法和套路去独立解决编程问题。作为一名编程自学者、计算思维教育研究者和实践者，我摩拳擦掌、跃跃欲试，期望通过自己对编程和教育的认识去设计一件艺术品，直面这个现象。

我打破了以知识（陈述性知识）为主体内容的设计方案，突出计算思维各项子能力（程序性知识）和计算问题解决过程（思维过程）的训练。在第一部分，我选择项目式教学去串联 Python 常用知识。项目式的优点是项目本身可以激发学习动机，用到什么学习什么，避免认知负荷，缺点是不如专题讲解和练习扎实。定位入门的话，这个选择优大于劣。此外，基础知识还需要做变式练习[○]，每个项目的练习题都追加了一部分涉及之前项目知识的练习题。在第二部分，秉持建构主义的思想，我开发了大量计算思维探究活动。用教育学"黑话"讲，我坚信探究式活动可以更好地把思维能力同化或顺应到学习者大脑的图式中去。不经历 hard fun[○] 的思考和实践，思维能力很难被"啊哈"地习得，一旦告知答案就会立刻失去发现答案的机会——初学者的宝藏。此外，社会化学习也是学习的重要途径，

○　这里的理解为名词。每一位教育者（以及布鲁姆、安德森、彼格斯、马扎诺、威金斯、韦伯）都对什么是理解有着自己独到的理解。

○　穿插练习和多样化练习可以加强长期记忆，感兴趣参考《认知天性》。

○　由 Seymour Papert 提出，指的是面对和克服学习挑战时产生的乐趣，这种挑战虽困难，但带来的满足感使学习更有深度。

我特意在学习网站中增加了提交答案后查看和点赞其他人想法的功能，期待学习者可以从他人的思考中找到反思的线索和自我批判的依据。在第三部分，我串联了第一部分的陈述性知识和第二部分的程序性知识，将它们活化到思维过程中去，即计算问题解决过程。我相信这就是初学者期待自己合上书之后能独立解决计算问题的钥匙。我刻意减少了脚手架的数量，让学习者持续保持 hard fun，而不是在我提示的温室中成长。在学习者独立按照套路解决问题后，还可以学习并评价其他人的设计思路和解决方案。

为什么不直接把本书做成视频呢？我常被问及这个问题。在设计学习体验时，我设想让图书、学习网站中的教学视频和交流平台发挥各自的特长：交流平台承担社会化学习的职责，让学习者们相互分享交流，增强人与人的互动，弥补图书信息孤岛的短板；教学视频承担揭示参考答案的职责，让学习者看到代码的动态生长过程，弥补交流平台静态信息繁杂的短板；图书承担启发式提问和学案的职责，它作为基础教学材料引导学习者动手练习，弥补教学视频缺乏练习机会的短板。为了检验各个部分的学习体验，我进行了小范围的试读测试和内容迭代工作。测试结果和我设想基本一致，用户反馈的"引导好""不会厌烦""很有趣""有胜任感""期待看到其他人的奇思妙想""适合打下编程思维的基础""学到了新知识""思维方式真的很重要"都说明了学习体验的有效性。

感谢编程猫的梁志华老师组建的学术部门，让我有机会深入到计算思维的学术研究和教育产品的实践工作，毫不夸张地说，如果没有这段经历就绝不会有这个教育产品的设计方案。我还要感谢所有深度参与测试的试读员们：Hannah，桂林市中隐小学莫东霖，高晖，兵团一中第十二师分校信息科技教研组长马星晨，孙奕童，你们提供的上百条反馈意见遍及图书、学习网站和教学视频，是你们让学习体验更加丝滑。感谢机械工业出版社的林桢编辑和相关工作人员，是你们的辛勤付出才使得本书顺利问世。感谢父母对我事业的支持和肯定。最后我要特别感谢女朋友聂小云，在这睁眼即创作的半年里，是你默默支持与理解，为我守护着那份静谧与和平。是你始终信任和鼓励我，让我坚定地做下去。你不仅是我的爱人，更是我事业上的坚强后盾。

如有疏漏和不足之处，恳请读者在学习网站上批评指正。添加我的公众号（科技传播坊）或 QQ 群 633091087 进行交流。

李泽

2023 年 9 月 6 日